VDE-Schriftenreihe **142**

Zum Autor

Dipl.-Ing. Dipl.-Wirtsch.-Ing. **Rolf Rüdiger Cichowski**, MBA ist als Autor und Managementberater tätig. Die ersten Jahre seiner beruflichen Laufbahn war er bei den Vereinigten Elektrizitätswerken AG in Dortmund (heute fusioniert mit RWE AG) in verschiedensten Funktionen im Bereich „Elektrische Verteilungsnetze" aktiv. Nach der politischen Wende in Deutschland unterstützte er für einen Zeitraum von fünf Jahren die Entwicklungsprozesse ostdeutscher Unternehmen, und zwar als Leiter der Elektrischen Verteilungsnetze bei der Mitteldeutschen Energieversorgung AG, MEAG in Halle/Saale und als Geschäftsführer der damals neu gegründeten Energieversorgung Industriepark Bitterfeld/Wolfen GmbH, ein Unternehmen, das den Industriestandort mit Strom, Gas, Wasser und Fernwärme versorgte.

Mitte der 1990er-Jahre stiegen die Energieversorgungsunternehmen in das Geschäftsfeld Telekommunikation ein, und Rolf Rüdiger Cichowski gründete und leitete als Geschäftsführer für VEW das Tochterunternehmen VEW TELNET, ein Regional-Carrier in Dortmund. Nachdem VEW dieses Tochterunternehmen 1999 an die jetzige versatel verkaufte, schied der Autor nach 30 Jahren aus dem Konzern aus und war danach ein Jahr als Leitender Consultant bei der Detecon in Bonn, einem Tochterunternehmen der Deutschen Telekom, tätig.

Von 2001 bis zum Frühjahr 2011 war er Geschäftsführer der SSS Starkstrom- und Signal-Baugesellschaft mbH in Essen, einem mittelständischen Dienstleistungsunternehmen für Strom, Daten, Gas und Wasser mit 30 Standorten und etwa 600 Mitarbeitern.

Im Rahmen des BDEW Bundesverband der Energie- und Wasserwirtschaft und der DKE Deutsche Kommission Elektrotechnik Elektronik Informationstechnik im DIN und VDE arbeitete er in Ausschüssen und Komitees mit. Als Autor hat Rolf Rüdiger Cichowski in den letzten Jahrzehnten Fachaufsätze und Fachbücher veröffentlicht und sich als Referent in Seminaren und Kongressen betätigt. Darüber hinaus war er über mehrere Jahre Lehrbeauftragter an den Fachhochschulen Dortmund und Berlin. Rolf Rüdiger Cichowski ist auch Initiator und Herausgeber der Buchreihe „Anlagentechnik für elektrische Verteilungsnetze", die bei ew Medien und Kongresse und dem VDE VERLAG seit mehr als 20 Jahren erscheint.

Kontakt zum Autor: E-Mail: rolf@cichowski.de, Internet: www.cichowski.de

VDE-Schriftenreihe Normen verständlich **142**

Baustellen-Fibel der Elektroinstallation

Elektrische Anlagen und Betriebsmittel auf Baustellen

Erläuterungen zu DIN VDE 0100-704,
DIN EN 61439-4 (VDE 0660-600-4),
BGI/GUV-I 608 und weiteren Normen
und Unfallverhütungsvorschriften (UVV)

Dipl.-Ing. Dipl.-Wirtsch.-Ing. Rolf Rüdiger Cichowski, MBA

VDE VERLAG GMBH

Bibliografische Information der Deutschen Nationalbibliothek
Die Deutsche Nationalbibliothek verzeichnet diese Publikation in der Deutschen Nationalbibliografie; detaillierte bibliografische Daten sind im Internet über http://dnb.dnb.de abrufbar.

ISBN 978-3-8007-3541-9
ISSN 0506-6719

Druck: GGP Media GmbH, Pößneck
Printed in Germany

2014-09

Vorwort

Diese *Baustellen-Fibel* soll dem Leser zu elektrischen Anlagen und Betriebs- und Verbrauchsmitteln auf Baustellen eine Hilfe zur Erarbeitung der Anforderungen an diese Anlagen vermitteln. Wie für elektrische Anlagen und Betriebsmittel in den verschiedensten Einsatzorten gilt auch auf Baustellen die grundsätzliche Forderung, dass die allgemeinen Anforderungen der Normenreihe DIN VDE 0100 einzuhalten sind. Eine hohe Priorität haben die DIN VDE 0100-410:2007-06 *„Schutz gegen elektrischen Schlag"* und die DIN VDE 0100-540:2012-06 *„Erdungsanlagen und Schutzleiter"*. Aber auch weitere Normen der Reihe DIN VDE 0100 sind für die Errichtung elektrischer Anlagen auf Baustellen zu berücksichtigen. Die in diesen Normen enthaltenen Anforderungen haben für Baustellen besondere Bedeutung, weil auf Baustellen durch die Umgebungseinflüsse (wie Feuchtigkeit, Staub, mechanische Einwirkungen) und durch den guten Kontakt des menschlichen Körpers zur Erde oder zu leitfähigen, mit Erde in Verbindung stehenden Teilen sehr leicht eine gefährliche Körperdurchströmung auftreten kann, die auf alle Fälle verhindert werden muss. Zusätzlich zu allen Normen der Gruppen 100 bis 600 von DIN VDE 0100 ist seit Jahren innerhalb der 700er-Gruppe „Anforderungen für Betriebsstätten, Räume und Anlagen besonderer Art" die eigentliche „Baustellennorm" DIN VDE 0100-704:2007-10 gültig, die speziell Anforderungen für elektrische Anlagen und Betriebsmittel auf Baustellen enthält. Da bei einer Baustelle sowohl Anforderungen beim Errichten elektrischer Anlagen, also DIN VDE 0100, als auch Anforderungen beim Betreiben elektrischer Anlagen und Betriebsmittel zu berücksichtigen sind, werden in der Baustellen-Fibel auch weitere DIN-VDE-Normen, wie betriebliche Normen (Reihe DIN VDE 0105) oder Produktnormen (DIN EN 61439-4 (**VDE 0660-600-4**):2013-09 *„Besondere Anforderungen für Baustromverteiler"*), bei der Darstellung der Anforderungen berücksichtigt. Ganz wichtig für die Anwender sind auch die Unfallverhütungsvorschriften (UVV), die sich mit elektrischen Anlagen und Betriebsmitteln, allgemeinen Gefährdungsbeurteilungen, Sicherheitsanforderungen und speziellen Anforderungen für Baustellen beschäftigen. Daher werden auch die dort enthaltenen Forderungen in dieser Baustellen-Fibel genannt. Ohne Sachkenntnisse aus der Elektrotechnik sind die elektrotechnischen Normen für elektrotechnische Laien nur sehr schwierig zu verstehen, sie setzen in ihren Inhalten Fachkenntnisse voraus. Da jedoch gerade auf Baustellen viele Handwerker verschiedener Gewerke arbeiten und sie als elektrotechnische Laien gelten, aber fast alle die elektrischen Anlagen bzw. Betriebs- und Verbrauchsmittel nutzen, hat sich der Autor bemüht, die vielen Anforderungen systematisch zu gliedern und leichter verständlich darzustellen und nicht ständig darauf zu verweisen, aus welchen Quellen die eine oder andere Anforderung stammt.

Holzwickede im Sommer 2014 *Rolf Rüdiger Cichowski*

Inhalt

1 Grundlagen für den elektrotechnischen Laien und Einführung zu elektrischen Anlagen und Betriebsmitteln auf Baustellen

1.1 Gefahren des elektrischen Stroms

Strom ist zur Erleichterung bzw. zur Unterstützung der menschlichen Arbeitskraft nicht mehr wegzudenken, so ist es selbstverständlich auch bei Arbeiten auf Baustellen. Zur Erledigung körperlich anstrengender Tätigkeiten stehen den Bauarbeitern der unterschiedlichsten Gewerke Werkzeuge und Hilfsmittel zur Verfügung, die mit elektrischer Energie angetrieben werden. Die elektrische Versorgung einer Baustelle muss daher sofort zu Beginn der Arbeiten gesichert sein. Voraussetzungen für den Gebrauch des Stroms sind viele elektrische Anlagen und Betriebsmittel. Deren Qualität und ihr optimaler Einsatz spielen eine bedeutende Rolle für die Sicherheit des Baustellenpersonals und der Sachwerte.

Gefahren durch den Strom können auf verschiedene Weise hervorgerufen werden:

- Die direkte Berührung aktiver (unter Spannung stehender) Teile (blanke Stromschienen in Schaltanlagen, Freileitungen oder Berührung von Betriebsmitteln mit defekter Basisisolation).
- Die Berührung von Teilen, die nur im Fehlerfall unter Spannung stehen, die indirekte Berührung eines Betriebsmittels.
- Der zufällige Aufenthalt eines Menschen neben einer vom Strom durchflossenen Erdschlussstelle (z. B. Riss eines Freileitungsseils oder die Beschädigung eines Kabels durch einen Bagger).
- Der Kontakt mit elektrischem Strom niedriger Spannungswerte, der durch seine Stärke und Einwirkdauer zwar keine unmittelbare Gefahr darstellt, häufig jedoch durch die Schreckreaktion des betroffenen Menschen zu Sekundärunfällen führt (z. B. Sturz von der Leiter).

Ursachen für die Entstehung von Gefahren durch elektrischen Strom:

- zu hohe Beanspruchung der Betriebsmittel,
- Verwendung defekter Betriebsmittel,
- Beschädigung der Isolierung,
- Montagefehler,
- unsachgerechte betriebliche Einwirkung,
- mangelnde Instandhaltung oder Instandhaltungsfehler,

- mangelhafte Überprüfung,
- Schutzleiterunterbrechung oder Schutzleitervertauschung, meist durch elektrotechnische Laien verursacht,
- mangelndes Sicherheitsbewusstsein,
- mangelnde Kenntnis der DIN-VDE-Normen und der Unfallverhütungsvorschriften.

1.2 Wirkungen des Stroms auf den Menschen

Die Gefährdung, die von der Elektrizität ausgeht, ist häufig verbunden mit dem elektrischen Strom, der durch den menschlichen Körper fließt. Je nach Größe und Zeitdauer treten unterschiedliche physikalische, chemische und physiologische Wirkungen auf. Zu den physikalischen Wirkungen zählen die Strommarken an der Stromeintrittsstelle der Hautoberfläche, Verbrennungen und Flüssigkeitsverluste durch Verdampfungen und Blendungen durch Lichtbögen. Als physiologische Wirkungen können u. a. Muskelverkrampfungen, Nervenerschütterungen, Blutdrucksteigerungen, Herzkammerflimmern und der Herzstillstand eintreten.

Schon seit vielen Jahrzehnten beschäftigen sich Mediziner und Ingenieure damit, die Wirkungen des Stroms auf den menschlichen Körper zu analysieren und gefährliche Grenzen aufzuzeigen. Den zuletzt vorgelegten internationalen Fachbericht der Arbeitsgruppe, den IEC-Report 479-1:1994, hat die DKE Deutsche Kommission Elektrotechnik Elektronik Informationstechnik im DIN und VDE als Vornorm DIN IEC/TS 60479-1 (**VDE V 0140-479-1**):2007-05 *„Wirkungen des elektrischen Stroms auf Menschen und Nutztiere"* veröffentlicht.

Die Größe der Gefahr bei einer Durchströmung des menschlichen Körpers ist abhängig von der Größe des Stroms und von seiner Einwirkdauer auf den Menschen (**Bild 1.1**). Zu den verschiedenen Bereichen, die im Bild 2.1 (Wechselspannung von 15 Hz bis 100 Hz) dargestellt sind, ist anzumerken:

- Bereich AC-1: Normalerweise sind keine Einwirkungen wahrnehmbar.
- Bereich AC-2: Normalerweise treten keine schädigenden physiologischen Wirkungen auf.
- Bereich AC-3: Es ist mit Blutdrucksteigerungen, Muskelverkrampfungen und Atemnot zu rechnen. Außerdem sind Herzrhythmusstörungen, Vorhofflimmern, Herzkammerflimmern und einzelne Herzstillstände zu erwarten. Diese Erscheinungen sind mit steigender Stromhöhe und Durchströmungsdauer zunehmend. Die Gefahr des Herzkammerflimmerns ist allerdings sehr gering.
- Bereich AC-4: Die physiologischen Wirkungen treten verstärkt auf. Mit steigender Stromstärke und Durchströmungsdauer können pathophysiologische Wirkungen eintreten, wie Herzstillstand, Atemstillstand und Brandverletzungen. Die

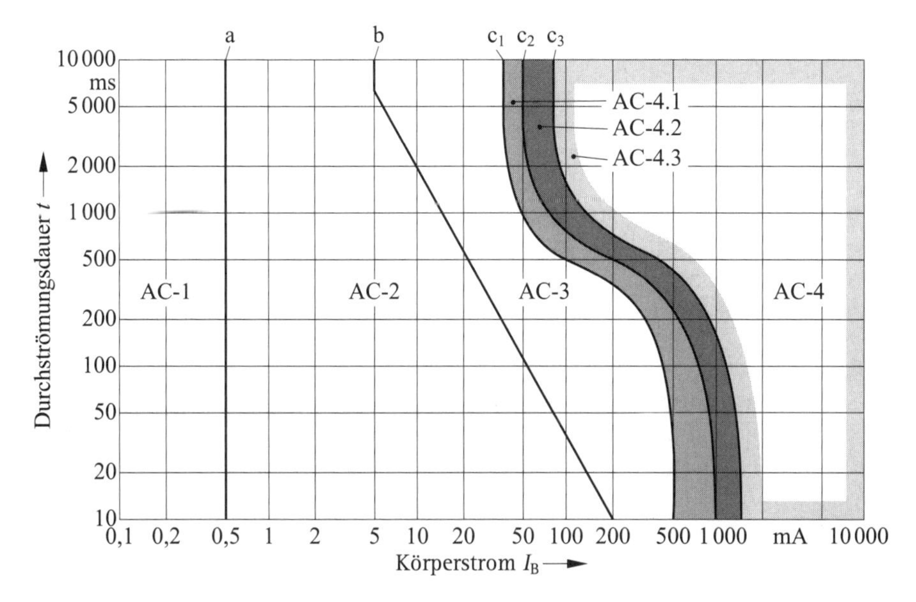

Bild 1.1 Wirkungsbereiche von Körperströmen bei Wechselstrom
(Quelle: Bild 20 in DIN IEC/TS 60479-1 (**VDE V 0140-479-1**):2007-05)

Gefahr von Herzkammerflimmern ist von der Stromhöhe und der Durchströmungsdauer abhängig:
5 % beim Bereich AC-4.1,
unter 50 % beim Bereich AC-4.2,
über 50 % beim Bereich AC-4.3.

Zusammenfassend und vereinfachend kann festgestellt werden, dass Strom ab einer Stärke von 0,5 mA wahrgenommen werden kann, die Loslassschwelle bei einem Wert von etwa 10 mA liegt und bei netzüblichen Wechselströmen, wie sie auf Baustellen verwendet werden, durch den menschlichen Körper ab 50 mA meistens tödlich enden.

Weitere Details zu den Wirkungen des Stroms auf den Menschen können der Literatur entnommen werden.

1.3 Unfälle auf Baustellen

Die Statistik elektrischer Unfälle macht deutlich, dass erfreulicherweise die Anzahl der tödlichen Unfälle durch Strom in Deutschland ständig in den letzten Jahrzehnten rückläufig (zurzeit etwa bei 50 bis 100 Unfalltoten pro Jahr) ist. Andererseits ist eine erhebliche Steigerung des Stromverbrauchs festzustellen, d. h., die Bemühungen des

Gesetzgebers, der Berufsgenossenschaften, das Sicherheitsverhalten der Unternehmer und der Arbeitnehmer sind gestiegen und die Anforderungen aus den DIN-VDE-Normen sind richtiggestellt und werden auch von den Fachleuten weitestgehend eingehalten. Aber selbstverständlich ist jeder Tote einer zu viel und alle Beteiligten müssen weiterhin alle Anstrengungen unternehmen, damit Unfälle, hervorgerufen durch elektrischen Strom, vermieden werden können.

Leider zeigt die tägliche Praxis, dass noch immer sehr viele Arbeitsunfälle mit elektrischem Strom auf Baustellen geschehen. Das Besondere an diesen Unfällen ist, dass sie oft einen tödlichen Verlauf haben, und daher müssen die elektrischen Anlagen auf Baustellen besonders sorgfältig geplant und errichtet werden. Ein sehr großer Anteil aller tödlichen Stromunfälle (etwa 50 %) in der gesamten gewerblichen Wirtschaft ereignet sich auf Baustellen.

Die Unfälle auf Baustellen lassen sich von der Verursachung her in zwei Gruppen unterteilen: einmal die Sachfehler, zum anderen die Verhaltensfehler.

Sachfehler, die zur Gefährdung durch elektrischen Strom führen können, sind:

- beschädigte Isolierung von beweglichen oder fest verlegten Anschluss- und Verlängerungsleitungen,
- häufig nur provisorisch verlegte Leitungen, anstatt eine fachgerechte Installation,
- Knickstellen in den Leitungen,
- freiliegende Einzeldrähte an Leitungseinführungen von Betriebsmitteln oder im Verlaufe der Leitungen,
- schadhafte Steckvorrichtungen,
- Verwendung von elektrischen Anlagen und Betriebsmitteln, die nicht von einer Elektrofachkraft hergestellt oder von ihr fachgerecht instand gesetzt wurden,
- Anschlagen von Leitungen unter Putz,
- Verwendung von frei aufgehängten Glühlampen (ohne Leuchten),
- Unachtsamkeiten beim Arbeiten mit Baggern oder Kranen,
- nicht regelmäßige und fachgerechte Prüfung von ortsfesten und nicht ortsfesten elektrischen Anlagen und Betriebsmitteln,
- mangelnde Reinigung von Elektrowerkzeugen, dadurch evtl. Überbrückungen durch Staubablagerungen,
- schnell sich ändernde Einsatzorte der Betriebsmittel und Verbrauchsmittel,
- Verwendung von Elektrohandwerkzeugen ohne erforderliche Schutzart.

Verhaltensfehler, wie Nachlässigkeit, Ablenkung durch Nebenarbeiten oder andere Personen, Geltungsbedürfnis („Ich kann das auch ohne Abschaltung!“), Termindruck und Besserwisserei führen immer wieder zu Unfällen. Häufig arbeiten mehrere Unternehmen der verschiedensten Gewerke, die gegenseitig nicht immer entsprechende Rücksicht nehmen, unter Zeitdruck auf einer Baustelle. Diese Fehler, hervorgerufen durch menschliches Fehlverhalten, können nur durch Schulung, Information und wiederkehrende Anweisungen und Belehrungen beseitigt werden. Die Unternehmen und die Beschäftigten sind gut beraten, möglichst alle Erkenntnisse zur Vermeidung von Unfällen auf Baustellen in die Praxis umzusetzen, denn neben der selbstverständlichen Verpflichtung, weitestgehend Personenschäden zu vermeiden, erbringt die Verhinderung von Unfällen auch einen wirtschaftlichen Vorteil, denn die Aufwendungen und die Anforderungen für die Sicherheit und Unfallverhütung machen nur einen Bruchteil der Kosten für Unfallschäden aus, die der gewerblichen Wirtschaft und der Volkswirtschaft durch Unfälle entstehen.

1.4 Einwirkungen auf und Auswirkungen von elektrischen Betriebsmitteln auf Baustellen

Bei Baustellen handelt es sich um eine ganz besondere Gefahrenquelle für elektrische Anlagen und Betriebsmittel. Nicht weil von ihnen außergewöhnliche Gefahren ausgehen, sondern weil jede einzelne Anlagenkomponente besonderen Umfeld- und Umwelteinflüssen ausgesetzt ist. Ein großer Teil der Arbeiten auf der Baustelle wird im Freien durchgeführt, damit unterliegen die Anlagen ständig den wechselnden Witterungseinflüssen. Der raue Betrieb im Umgang mit elektrischen Maschinen und eine stärkere mechanische Beanspruchung wirken sich ebenfalls nachteilig aus. Hinzu kommen noch ständig wechselnde Arbeitsbedingungen für den Bauhandwerker und somit auch für seine Werkzeuge. Das Zusammenwirken der Fachleute verschiedener Gewerke und die Bedienung der Geräte und Maschinen in der Hauptsache durch elektrotechnische Laien muss bei der Gestaltung der Normen bzw. der Unfallverhütungsvorschriften vorausschauend mit berücksichtigt werden.

Man kann davon ausgehen, dass es sich bei Baustellen nicht um normale Verhältnisse für elektrische Anlagen und Betriebsmittel handelt. Die Beeinflussungen lassen sich in zwei Hauptgruppen unterteilen:

- die Einwirkungen der Umgebung und der Netzverhältnisse auf die Betriebsmittel: Staub, Feuchtigkeit Korrosion, mechanische Beanspruchung, Betriebsart, Spannungsschwankungen, Kurzschlussleistung, Spannungshöhe;
- die Auswirkungen der Betriebsmittel auf die Umgebung:
  - Personengefährdung durch: geringeren Körperwiderstand, menschliches Verhalten, räumliche Nähe von leitfähigen Teilen, Funktionsweise der Betriebsmittel, fehlerhafter Schutz;
  - Brandgefahr durch: brennbare Umgebung, brennbare Unterlage, leicht entzündliche Stoffe.

In der Praxis treten solche von den normalen Bedingungen abweichenden Einflüsse selten einzeln unabhängig voneinander auf, sondern meistens in Kombination.

1.5 Errichten und Betreiben elektrischer Anlagen auf Baustellen

Die Errichtung einer elektrischen Anlage kann für die Herstellung von neuen Bauwerken, die Erweiterung, die Änderung, die Reparatur, den Umbau oder den Abbruch von Bauwerken notwendig sein. Es handelt sich dann um das Errichten einer Anlage, wenn elektrische Betriebsmittel zu einer funktionsfertigen, elektrischen Anlage zusammengefügt werden. Dabei müssen die elektrischen Betriebsmittel so ausgewählt werden, dass von ihnen ausgehende Gefahren weitestgehend auszuschließen sind. Bei der Auswahl der Betriebsmittel für Baustellen ist zu beachten, dass sie den geltenden DIN-VDE-Normen, dem Stand der Sicherheitstechnik und den Unfallverhütungsvorschriften entsprechen. Die erhöhten Anforderungen des Baustellenbetriebs und der Umwelt- bzw. Umfeldeinflüsse müssen ebenfalls berücksichtigt werden. Eine elektrische Anlage wird auf der jeweiligen Baustelle neu errichtet, auch wenn dieselben Betriebsmittel bereits auf anderen Baustellen zuvor eingesetzt waren. Daher muss der Errichter gründlich auf mögliche Beschädigungen, auf Isolationszustand, Schutzleiteranschlüsse und Funktionen überprüfen. Bei der Errichtung elektrischer Anlagen ist besonders zu achten auf:

- Schutzumfang: Schutzart gegen Fremdkörper-, Berührungs- und Wasserschutz,
- Wahl der Maßnahmen gegen direktes Berühren von aktiven und fremden leitfähigen Teilen,
- Wirksamkeit der Schutzmaßnahmen bei indirektem Berühren.

Die Errichtung elektrischer Anlagen ist eine wichtige und anspruchsvolle Tätigkeit und muss daher von qualifiziertem, gut ausgebildetem Fachpersonal unter Verwendung von geeigneten Materialien ausgeführt werden (Kapitel 2.5).

Wichtige Hinweise zur Errichtung elektrischer Anlagen auf Baustellen:

- Angaben zur Planung der elektrischen Anlagen: Leistungsbedarf, Gleichzeitigkeitsfaktor, Einspeisung, Anschluss, Übergabepunkt, Art und Umfang der Betriebsmittel, äußere Einflüsse, Verträglichkeit;
- Schutzmaßnahmen: Schutz gegen elektrischen Schlag, Schutz gegen thermische Einflüsse, Schutz bei Überstrom, Schutz gegen Überspannungen, Schutz gegen Unterspannungen, Schutz durch Trennen und Schalten;
- Auswahl und Errichtung: Kabel, Leitungen und Stromschienen, Trenn-, Schalt- und Steuergeräte, Erdung, Schutzleiter, Potentialausgleich, Leuchten und Beleuchtungsanlagen, elektrische Anlagen für Sicherheitszwecke;
- Prüfungen: Erstprüfungen und Wiederholungsprüfungen durch Besichtigen, Erproben und Messen der Anlagen.

Alle Hinweise werden im Nachfolgenden detailliert behandelt.

Der Betrieb von elektrischen Anlagen und Betriebsmitteln umfasst das Bedienen und das Arbeiten an ihnen. Das Bedienen elektrischer Anlagen ist das Beobachten, das

Schalten, das Einstellen und das Steuern. Zum Arbeiten zählen Tätigkeiten wie Reinigungsarbeiten, das Beseitigen von Störungen, das Ändern, das Inbetriebnehmen, das Warten und das Instandsetzen der Betriebsmittel. Bei Reparaturen (ändern und instand setzen) ist die Grenze zwischen Errichten und Betreiben fließend, es kann sowohl Errichten als auch Betreiben sein. Die Prüfung der Anlagen erfolgt nach DIN VDE 0100-600.

1.6 Normen und Unfallverhütungsvorschriften zu elektrischen Anlagen auf Baustellen

Die Sicherheit elektrischer Anlagen und Betriebsmittel auf Baustellen ergibt sich aus zwingenden gesetzlichen Vorschriften.

Insbesondere sind hier von Bedeutung:

- das Energiewirtschaftsgesetz (EnWG),
- das Gesetz über die Bereitstellung von Produkten auf dem Markt (ProdSG – Produktsicherheitsgesetz),
- Unfallverhütungsvorschriften der Berufsgenossenschaften (Kapitel 4).

Die DIN-VDE-Normen sind zwar keine Gesetze, sie spielen aber aus rechtlicher Sicht eine bedeutende Rolle, da in Gesetzen und Verordnungen auf die DIN-VDE-Normen Bezug genommen wird. Es handelt sich bei Normen um mehr als nur Empfehlungen.

Dem Praktiker kann empfohlen werden, die DIN-VDE-Normen quasi als Rechtsnorm anzusehen. Ein Handeln auf der Basis dieser Normen wird im Haftungsfall zunächst gegen ein Verschulden sprechen. Das bedeutet, der Fachmann kann auf die Einhaltung der Forderungen aus der Norm verzichten, wenn er z. B. die Sicherheit, die in der Sicherheitsnorm gefordert wird, auf andere Art und Weise erfüllt. Im Schadensfall kehrt sich dann jedoch die Beweispflicht um, d. h., der Praktiker muss beweisen, dass seine Vorkehrungen sicherheitstechnisch genauso gut wie die der Normen sind. Dies ist sicher in vielen Fällen weitaus schwieriger, als sich an die Anforderungen aus den Normen zu halten.

Für den Bereich der Elektrotechnik gilt das Energiewirtschaftsgesetz (EnWG). Es bildet die gesetzliche Grundlage u. a. für die Errichtung und Unterhaltung von Starkstromanlagen. Zitat: Bei der Errichtung und Unterhaltung von Anlagen zur Erzeugung, Fortleitung und Abgabe von Elektrizität sind die „allgemein anerkannten Regeln der Technik zu beachten …“.

Über die allgemein anerkannten Regeln der Technik gilt: „Die Einhaltung der allgemein anerkannten Regeln der Technik … wird vermutet, wenn die technischen Regeln des Verbands der Elektrotechnik Elektronik Informationstechnik beachtet worden sind …“. Zu dem Begriff „anerkannte Regeln der Technik“ und weiteren Begriffen hat das Bundesverfassungsgericht klärende Aussagen getroffen:

- Allgemein anerkannte Regeln der Technik: Auffassungen, die unter den Praktikern allgemein festzustellen sind.
- Stand der Technik: Maßgeblich ist das Fachwissen des technischen Fortschritts und der technischen Entwicklung; allgemeine Anerkennung der Regeln wird nicht verlangt. Stand der Technik ist der Entwicklungsstand fortschrittlicher Verfahren, Einrichtungen und Betriebsweisen.
- Stand von Wissenschaft und Technik: sind die neuesten wissenschaftlichen Ergebnisse. Vorausgesetzt wird die Übereinstimmung von wissenschaftlicher und technischer Entwicklung.

Auszüge und Erläuterungen zu Gesetzestexten zur Veranschaulichung der rechtlichen Bedeutung.

In § 276 BGB heißt es:

„Fahrlässig handelt, wer die im Verkehr erforderliche Sorgfalt außer Acht lässt.“ Die Sorgfaltsanforderungen in Bezug auf die Elektrotechnik sind in den VDE-Bestimmungen niedergeschrieben, sie gelten als „anerkannte Regeln der Technik“.

§ 319 StGB stellt den Verstoß gegen anerkannte Regeln der Technik bei Planung, Leitung oder Ausführung unter Strafe, sofern dadurch Leib und Leben eines anderen gefährdet wird.

Wer die anerkannten Regeln der Technik einhält, darf auf rechtlichen Schutz vertrauen. Der sog. Beweis des ersten Anscheins spricht dann dafür, dass im Falle eines Schadens der Vorwurf der Fahrlässigkeit nicht ohne Weiteres erhoben werden kann.

Einzelne, für die Sicherheit in der Elektrotechnik wichtige Bestimmungen:

- Durchführungsverordnung zum Energiewirtschaftsgesetz,
- Gewerbeordnung,
- Produktsicherheitsgesetz,
- Erste Verordnung zum Produktsicherheitsgesetz (Niederspannungsverordnung),
- Zweite Verordnung zum Produktsicherheitsgesetz,
- Arbeitssicherheitsgesetz,
- Arbeitsstättenverordnung,
- Unfallverhütungsvorschriften für Elektrische Anlagen und Betriebsmittel (BGV A3) mit den Durchführungsanweisungen zur Unfallverhütungsvorschrift „Elektrische Anlagen und Betriebsmittel“,
- Niederspannungsanschlussverordnung,
- Niederspannungsrichtlinie,
- Produkthaftungsrichtlinie.

In der Durchführungsverordnung zum *Energiewirtschaftsgesetz* bestätigt der Verordnungsgeber, dass z. B. die DIN-VDE-Normen für das Errichten und Unterhalten elektrischer Anlagen allgemein anerkannte Regeln der Technik sind. Das Produktsicherheitsgesetz gilt für alle verwendungsfertigen Arbeitseinrichtungen, vor allem für Werkzeuge, Arbeitsgeräte, Arbeits- und Kraftmaschinen sowie für Hebe- und Fördereinrichtungen. Diesen Arbeitseinrichtungen stehen beispielsweise gleich: Einrichtungen zum Beheizen, Kühlen, Be- und Entlüften sowie zum Beleuchten, Haushaltsgeräte, Sportgeräte, Bastelgeräte und Spielzeug.

Solche technischen Arbeitsmittel dürfen nur auf dem Markt bereitgestellt werden, wenn sie „... nach den allgemein anerkannten Regeln der Technik ... so beschaffen sind, dass Benutzer oder Dritte bei ihrer bestimmungsgemäßen Verwendung gegen Gefahren aller Art für Leben und Gesundheit so weit geschützt sind, wie es die Art der bestimmungsgemäßen Verwendung gestattet ...“.

Das Gesetz gilt nur für gewerbsmäßig tätige Hersteller der ersten Verordnung zum Produktsicherheitsgesetz (1. ProdSV, Niederspannungsverordnung) und wird als Niederspannungsrichtlinie des europäischen Parlaments und des Rates in deutsches Recht umgesetzt. Die 1. ProdSV regelt die Beschaffenheit elektrischer Betriebsmittel zur Verwendung bei einer Nennspannung zwischen 50 V und 1 000 V für Wechselstrom und zwischen 75 V und 1 500 V für Gleichstrom, soweit es sich um technische Arbeitsmittel handelt.

Die Niederspannungsverordnung schreibt vor, dass elektrische Betriebsmittel dann, wenn sie technische Arbeitsmittel im Sinne des Gesetzes sind, dem in der Europäischen Union gegebenen Stand der Sicherheitstechnik entsprechen müssen.

Die Unfallverhütungsvorschriften der Berufsgenossenschaften sind autonome Rechtsnormen. Sie werden bei den Berufsgenossenschaften erarbeitet und beschlossen und danach vom Bundesminister für Arbeit und Sozialordnung genehmigt und durch Bekanntgabe im Bundesanzeiger rechtsverbindlich. Sie sind, anders als z. B. die DIN-VDE-Normen, echte Rechtsvorschriften. Sie gelten allerdings nur für Unternehmer und Versicherte der Mitgliedsbetriebe der Berufsgenossenschaften, nicht also beispielsweise für private Haushalte. Die Anwendung und Durchführung der Unfallverhütungsvorschriften werden von den Berufsgenossenschaften überwacht, bei Nichtbefolgung drohen Sanktionen oder Haftung. Speziell für die Elektrotechnik ist die Unfallverhütungsvorschrift „Elektrische Anlagen und Betriebsmittel“ (BGV A3) von grundlegender Bedeutung. Sie übernimmt teilweise Festlegungen aus DIN-VDE-Normen und wertet sie dadurch rechtlich auf; außerdem wird auf DIN-VDE-Normen als allgemein anerkannte Regeln der Technik Bezug genommen. Weitere Unfallverhütungsvorschriften, die für elektrische Anlagen und Betriebsmittel auf Baustellen relevant sind, können dem Kapitel 4. entnommen werden.

1.7 Der Elektrofachmann auf der Baustelle

Die Errichtung und der Betrieb elektrischer Anlagen und Betriebsmittel sind Tätigkeiten, die sehr qualifizierte Fachkenntnisse voraussetzen und daher nur von ausgebildetem Fachpersonal unter Verwendung geeigneter Materialien ausgeführt werden können. In der DIN VDE 1000-10:2009-01 „Anforderungen an die im Bereich der Elektrotechnik tätigen Personen“ sind für die Elektrofachkräfte in Deutschland umfassend die Anforderungen aller im Bereich Elektrotechnik tätigen Personen erläutert. (Weitere Festlegungen in DIN VDE 0105-100; IEV 826-09-01; BGV A3). Der Begriff der Elektrofachkraft nimmt eine zentrale Rolle ein. Sie ist eine Person, die aufgrund ihrer fachlichen Ausbildung, Kenntnisse und Erfahrungen sowie Kenntnisse der einschlägigen Normen die ihr übertragenden Arbeiten beurteilen und mögliche Gefahren erkennen kann. Neben der geforderten elektrotechnischen Ausbildung als Facharbeiter (Geselle), Techniker, Elektromeister oder als Ingenieur ist die ständige Weiterbildung ein Muss. Aus der Norm und den Unfallverhütungsvorschriften ist auch die Notwendigkeit einer kontinuierlichen Weiterbildung der Elektrofachkraft abzuleiten. Eine regelmäßige Weiterbildung wird beispielsweise in der TRBS 1203 (Stand 2012), Technische Regeln für Betriebssicherheit, Abschnitt *Elektrische Gefährdungen* und der DIN 31000 gefordert.

Die o. g. Norm DIN VDE 1000-10 gilt für folgende Aufgaben und Tätigkeiten:

- Planen, Projektieren, Konstruieren;
- Einsetzen von Arbeitskräften: Organisieren der Arbeiten, Festlegen der Arbeitsverfahren, Auswählen der geeigneten Arbeits- und Aufsichtskräfte, Bekannt geben und Erläutern der einschlägigen Sicherheitsfestlegungen, hinweisen auf besondere Gefahren, Unterweisen über anzuwendende Schutzmaßnahmen, Festlegen der zu verwendenden Körperschutzmittel und Schutzvorrichtungen, Durchführen notwendiger Schulungsmaßnahmen und Festlegen der persönliche Schutzausrüstungen;
- Errichten;
- Prüfen: Besichtigen, Erproben, Messen;
- Betreiben: In Betrieb setzen, Betätigen (Bedienen der elektrischen Betriebsmittel, die nicht für Laienbenutzung vorgesehen sind), Arbeiten, Instand halten;
- Ändern.

In der DIN VDE 1000-10 ist neben der Definition zur Elektrofachkraft auch die verantwortliche Elektrofachkraft begrifflich festgelegt. Danach ist sie die Elektrofachkraft, die Fach- und Aufsichtsverantwortung übernimmt und vom Unternehmer dafür beauftragt ist. Das Übertragen der unternehmerischen Verantwortung muss transparent und präzise in Schriftform erfolgen. Eine verantwortliche Elektrofachkraft muss auch für die Planung und Umsetzung unternehmerischer Abläufe, wie bei der Erarbeitung von Gefährdungsbeurteilungen oder Sicherheitsbestimmungen, ernannt werden.

Neben der Elektrofachkraft sind in den Technischen Regeln auch die Personen begrifflich festgelegt, die auch im Bereich der Elektrotechnik tätig sein dürfen, ohne dass diese jedoch die strengen Anforderungen an die Ausbildung und beruflichen Kenntnisse erfüllen, die bei der Elektrofachkraft selbstverständlich sein müssen. Dieser Personenkreis wird als elektrotechnisch unterwiesene Personen bezeichnet. Nach der DIN VDE 1000-10 und weiterer Normen und Unfallverhütungsvorschriften ist die elektrotechnisch unterwiesene Person eine Person, die angelernt sein kann, d. h., sie muss durch eine Elektrofachkraft über die ihr übertragenen Aufgaben und die möglichen Gefahren bei unsachgemäßem Verhalten unterrichtet, geschult und hinsichtlich der Schutzeinrichtungen unterwiesen werden.

Nach der *NAV – Verordnung über Allgemeine Bedingungen für den Neuanschluss und dessen Nutzung für die Elektrizitätsversorgung in Niederspannung* – dürfen elektrische Anlagen hinter der Hausanschlusssicherung nur von Elektrotechnikern, die in das Installateurverzeichnis eines Netzbetreibers eingetragen sind, errichtet, erweitert und geändert werden. Die elektrische Einrichtung kleinerer und mittlerer Baustellen wird meist von einer ortsansässigen Elektrofachfirma durchgeführt und von dieser auch während der Bauzeit betreut. Großbaustellen erfordern eigenes, der Baustelle zugeordnetes Elektrofachpersonal. In beiden Fällen muss der Fachmann Gefahren erkennen, d. h., bei der Errichtung elektrischer Anlagen auf Baustellen ist der Einsatz der Elektrofachkraft unumgänglich.

Aber eine Baustelle ist auch dadurch gekennzeichnet, dass dort viele Fachleute aus den unterschiedlichsten Fachbereichen und Gewerken arbeiten, die keine Elektrofachleute oder elektrotechnisch unterwiesene Personen sind, sondern es sind elektrotechnische Laien. Kaum ein Handwerker kann auf die Anwendung des elektrischen Stroms verzichten, sodass auch die elektrotechnischen Laien mit elektrotechnischen Betriebsmitteln umzugehen haben. Diese Laien dürfen jedoch die elektrisch betriebenen Geräte und Hilfsmittel nur bestimmungsgemäß benutzen. Auf keinen Fall dürfen sie Instandsetzungsarbeiten oder ähnliche Tätigkeiten selbsttätig durchführen. Zusammenfassend dürfen elektrotechnische Laien nur folgende Tätigkeiten im Zusammenhang mit elektrischen Anlagen und Betriebsmitteln durchführen:

- bestimmungsgemäßes Verwenden von Betriebsmitteln mit vollständigem Berührungsschutz (z. B. Elektrowerkzeuge, Beleuchtungseinrichtungen),
- Mitwirken beim Errichten elektrischer Anlagen nur unter Leitung und Aufsicht einer Elektrofachkraft,
- Durchführen von Tätigkeiten in der Nähe unter Spannung stehender Teile (z. B. Bewegen von Leitern), wenn die Schutzabstände eingehalten werden können, und dann auch nur unter ständiger Leitung und Aufsicht einer Elektrofachkraft.

Für folgende Tätigkeiten muss ein Arbeiter auf der Baustelle mindestens die Qualifikation einer elektrotechnisch unterwiesenen Person besitzen:

- Reinigen elektrischer Anlagen, z. B. eines Baustromverteilers,
- Prüfen der Wirksamkeit von Fehlerstromschutzeinrichtungen (RCDs) auf Baustellen bei Verwendung geeigneter Prüfgeräte,

- Feststellen der Spannungsfreiheit,
- Betätigen von Stellgliedern, die für die Sicherheit oder Funktion einer elektrischen Anlage oder eines Betriebsmittels erforderlich sind.

Empfehlungen kurzgefasst: Grundlagen

- Den Gefahren durch den elektrischen Strom auf Baustellen für die Bauhandwerker sollen durch viele Schutzmaßnahmen (in diesem Buch ausführlich beschrieben) entgegengewirkt werden.
- Um Unfällen (etwa 50 % aller tödlichen im gewerblichen Bereich ereignen sich auf Baustellen) vorzubeugen, müssen die Gefahren (Sach- und Verhaltensfehler) bekämpft werden.
- Zum Errichten und zum Betreiben elektrischer Anlagen auf Baustellen müssen alle entsprechenden Normen und Unfallverhütungsvorschriften eingehalten werden (in diesem Buch vorgestellt), und für die Einhaltung trägt der Unternehmer die Verantwortung.
- Die Elektrofachkraft nimmt auf der Baustelle eine zentrale Rolle ein.
- Elektrische Laien dürfen elektrische Anlagen, Geräte und Hilfsmittel nur bestimmungsgemäß nutzen.

2 Aufbau/Planung eines Netzes auf der Baustelle

Die elektrischen Anlagen, Betriebsmittel und Verbrauchsmittel für Baustellen sind für die Erstellung eines Gebäudes oder für Tiefbau- und Montagearbeiten unverzichtbar. Die Bauhandwerker nutzen für ihre Arbeiten ihres jeweiligen Gewerks die elektrische Energie für elektrische Maschinen, Antriebe, Beleuchtungs- und Sicherheitsanlagen. Die Vielzahl der Anlagen und die Besonderheiten des Orts „Baustelle" erfordern eine möglichst detaillierte Planung dieser Anlagen. Auf der Baustelle werden durch äußere Umgebungsbedingungen, wie Staub, Feuchtigkeit, Klimaauswirkungen, mechanische Beanspruchungen, negative Einflüsse auf die Anlagen und Betriebsmittel ausgeübt. Aber auch von den elektrischen Anlagen können unter Umständen schädigende Wirkungen auf das Umfeld ausgehen. Daher sind für die Planung einer elektrischen Anlage – selbstverständlich stark abhängig von der Größe der Baustelle – neben elektrotechnischem Fachwissen auch genauere Kenntnisse über die Erfordernisse der zu planenden Anlage unerlässlich. Dabei spielen das vorhandene Versorgungssystem und dessen Spannung (z. B. der Anschluss an das öffentliche Verteilungsnetz oder an eine Ersatzstromversorgungsanlage) eine ebenso wichtige Rolle, wie die Art und die Anzahl der später zu betreibenden Verbrauchsmittel. Bei kleinen Baustellen wird die Aufstellung eines Baustellenverteilerschranks zur Routinearbeit eines Elektrofachunternehmens gehören und ohne große Planungsarbeit erledigt werden, bei Großbaustellen müssen sicher die verschiedensten Einflussfaktoren berücksichtigt werden, sodass eine Planung und eine Projektierung der Anlagen unumgänglich sein werden (**Bild 2.1** und **Bild 2.2**).

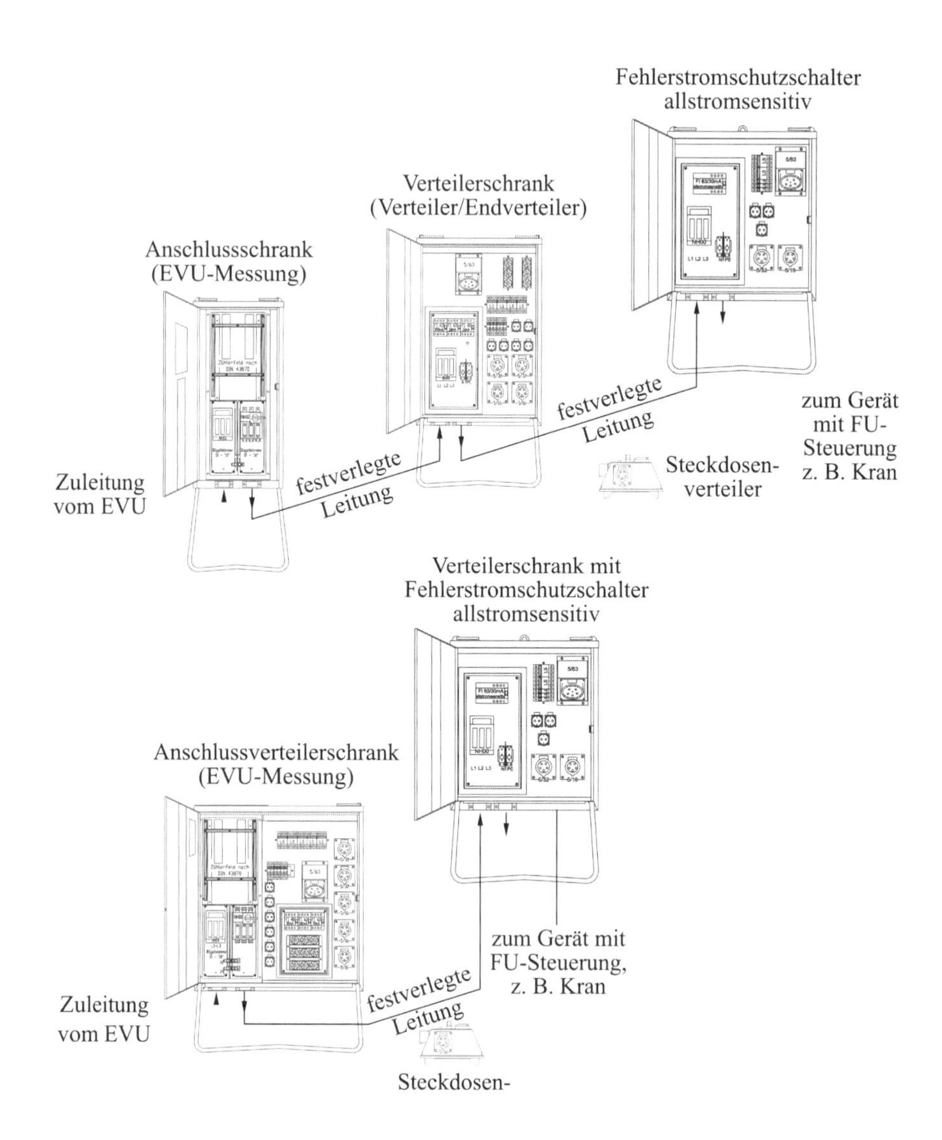

Bild 2.1 Schematische Darstellungen von Netzen auf kleinen Baustellen

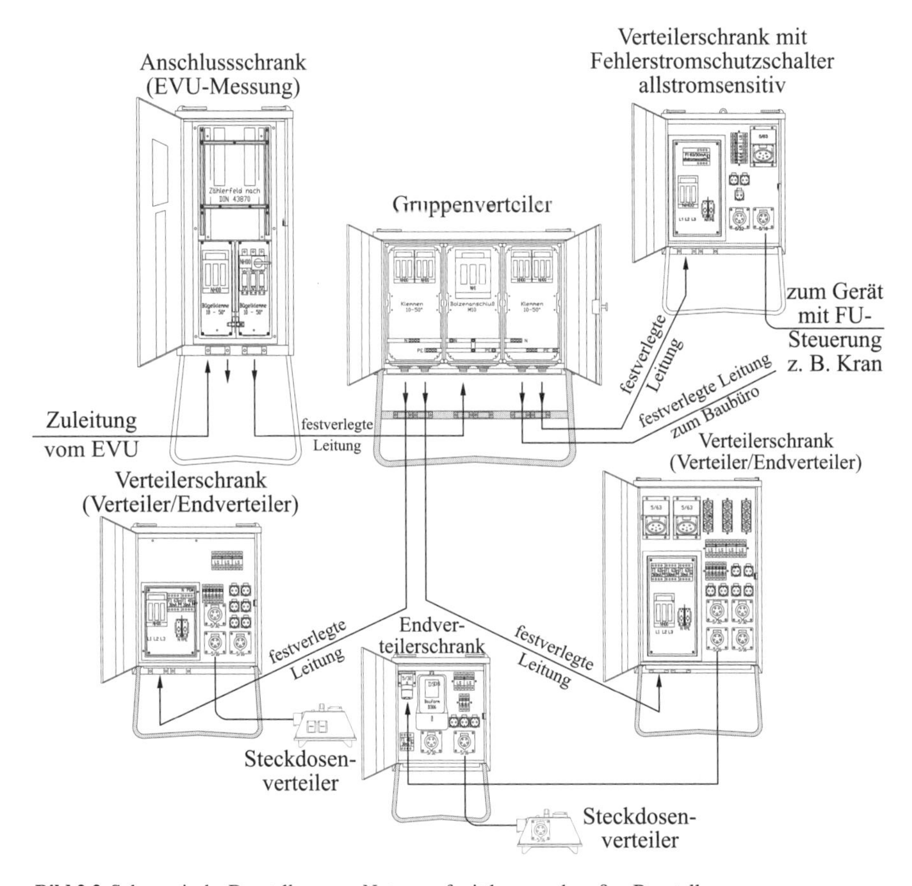

Bild 2.2 Schematische Darstellung von Netzen auf mittleren und großen Baustellen

Außerdem sind für die Errichtung, die Auswahl der Anlagen und Betriebsmittel und den anschließenden Baubetrieb wichtige Gesetze, Unfallverhütungsvorschriften und DIN-VDE-Normen zu beachten. Dabei kann die DIN VDE 0100 „Errichten von Niederspannungsanlagen" durch ihre Gruppeneinteilung von Gruppe 100 bis 700 und die entsprechenden Inhalte eine gute Orientierung geben. Einige der nachfolgenden Stichworte und Erläuterungen können als „roter Faden" dienen:

- Leistungsbedarf: ist für die gesamte Baustelle zu ermitteln, für elektrisch angetriebene Werkzeuge, Krane, für Beleuchtungsanlagen, Wärmegeräte, große Motoren und Antriebe, Sicherheitstechnik usw.; dabei ist der Gleichzeitigkeitsfaktor (g) zu berücksichtigen, der mit der zu installierenden Leistung (P_{Inst}) zu multiplizieren ist, um die max. Leistung (P_{max}) zu erhalten, also: $P_{max} = g \cdot P_{Inst}$; für den Gleichzeitigkeitsfaktor können auf Baustellen Werte von etwa:

0,2 bis 0,5 Großbaustellen,

0,5 bis 0,65 mittelgroße Baustellen,

0,65 bis 0,8 kleinere Baustellen

- angesetzt werden; außerdem ist die Ermittlung von möglichen Spitzenzeiten mit erhöhtem Leistungsbedarf sinnvoll;
- Stromversorgung: Charakteristische Größen sind zu beachten, wie Nennspannung, System nach Art der Erdverbindung (Kapitel 7.5), Stromart, Frequenz, Leistungsbedarf und die evtl. eintretenden Kurzschlussströme an der Einspeisestelle;
- Anschluss an das öffentliche Netz: Klärung der Anschlussfrage an Mittelspannung oder Niederspannung, je nach Leistungsbedarf auf der Baustelle, Anschlussmöglichkeiten an das Kabel- oder Freileitungsnetz, alternativ: autarke Versorgung durch Ersatzstromversorgungsanlage;
- Schätzung des monatlichen Stromverbrauchs: Um den optimalen Stromtarif mit dem Netzbetreiber ermitteln zu können, ist die Leistung einzelner Anlagen sowie Betriebs- und Verbrauchsmittel zu addieren, die Wirkungsgrade und die voraussichtliche Benutzungsdauer zu berücksichtigen;
- Eigenversorgung durch Ersatzstromversorgungsanlagen: Niederspannungs-Stromerzeugungsanlagen können die Stromversorgung einzelner Geräte, bestimmter Baustellenbereiche oder die Versorgung einer gesamten Baustelle übernehmen (Kapitel 12);
- Netzsysteme und Art der Erdverbindungen: Auf der Baustelle ist gemäß DIN-VDE-Normen nach dem Übergabepunkt zulässig: TN-C-System, TN-S-System, TT-System und IT-System (Kapitel 7.5 und 8); enge Abstimmung mit dem Netzbetreiber erforderlich;
- Schutzmaßnahmen: nach DIN VDE 0100-704: automatische Abschaltung der Stromversorgung, Schutztrennung, Schutz durch Kleinspannung (Kapitel 8.1.2.4 und 8.1.2.5);
- Auswahl der Betriebs- und Verbrauchsmittel: nach DIN VDE 0100, Gruppe 500 für Schalter oder Steckvorrichtungen, bewegliche Leitungen, Leitungsroller, Leuchten usw.;
- Festlegen der Standorte der Baustromverteiler: Zunächst ist DIN EN 61439-4 (**VDE 0660-600-4**):2013-09 zu berücksichtigen; je nach Größe der Baustelle werden Anschluss- und Verteilerschränke eingesetzt (Kapitel 11);
- Planung der Erdungsanlage: die Erdung besteht aus den Erdern, ihren Anschlussleitungen und Klemmen; auf die Erdung auf Baustellen muss besonderes Augenmerk gerichtet werden, weil durch die mechanische Beanspruchung und den insgesamt rauen Baustellenbetrieb die Wirksamkeit der Erdung gefährdet werden kann (Kapitel 10);

- Stromkreisaufteilung in der Baustromversorgung: Nach DIN VDE 0100-100 müssen in einer elektrischen Anlage mehrere Stromkreise gebildet werden, weil die Auswirkungen von Fehlern und Abschaltungen begrenzt werden sollen;
- äußere Einflüsse: Sie dürfen auf die Betriebsmittel und elektrischen Anlagen auf den Baustellen keine negativen Auswirkungen haben, daher sind Feuchtigkeit, Staub, Schmutz, Korrosion, klimatische Verhältnisse, Fremdkörpereinwirkungen bei der Planung mitzuberücksichtigen;
- Verträglichkeit: Die Betriebsmittel müssen bewertet werden bzw. es muss bereits im Planungsstadium überlegt werden, inwieweit Betriebsmittel sich nachteilig auf die Funktion anderer Betriebsmittel oder die einspeisende Stromversorgung auswirken könnten, wie Überspannungen, Lastunsymmetrien, hochfrequente Schwingungen, Ableitströme, Einschalt- und Anlaufströme;
- elektrische Anlagen für Sicherheitszwecke: wie Sicherheitsbeleuchtung, Feuerlöschpumpen, Gefahrenmeldeanlagen: Auf Großbaustellen kann die Stromversorgung der Wasserhaltung z. B. eine wichtige Problemstellung beim Ausfall der allgemeinen Stromversorgung werden. Durch die unterbrechungsfreie Stromversorgung (USV) soll trotz eines teilweisen oder vollständigen Ausfalls der allgemeinen Stromversorgung die Energieversorgung der Baustelle bzw. Teile oder bestimmte Anlagen der Baustelle sichergestellt sein;
- Wartung und Inspektion: Bereits vor der Errichtung sollte die Wartbarkeit der Anlagen entsprechend Berücksichtigung finden, denn die Sicherheit der Anlagen ist auch stark abhängig von der Inspektion, Wartung und Instandsetzung;
- Gefährdungsbeurteilungen: nach § 3 der Betriebssicherheitsverordnung (BetrSichV) bzw. der BGV A1 oder § 5 des Arbeitsschutzgesetzes; Durchführung der Beurteilung der Arbeitsbedingungen;
- Schutz der Leitungssysteme auf dem Baustellengelände: Für die Bauunternehmen besteht Erkundungspflicht bei z. B. den Netzbetreibern, ob sich auf dem Gelände der zu planenden Baustelle unterirdische Kabel befinden, die bei den Bauarbeiten beschädigt werden könnten; auch oberirdisch verlaufende Leitungen sind vor mechanischer Beschädigung zu schützen und sollten entsprechend markiert werden; bei z. B. Kreuzungen von Verkehrswegen kann auf Leitungsbrücken (**Bild 2.3**) zurückgegriffen werden, oder die Leitungen sind in Schutzrohren zu verlegen oder als Kabel ins Erdreich einzubringen.

Bild 2.3 Kabelbühne (Leitungsbrücke) auf der Baustelle (Foto: Berge-Bau)

Planung der Anschlüsse, der elektrischen Anlagen und Betriebsmittel in Abhängigkeit der Größenordnung einer Baustelle:

- Kleinbaustelle bis etwa 30 kVA: Es handelt sich z. B. um die Errichtung eines Eigenheims, bei dem ein Kran eingesetzt wird. Dabei wird in der Regel ein Baustellenanschluss bis 63 A benötigt. Ist der Anschluss an das öffentliche Verteilungsnetz möglich, so kann der Leistungsbedarf meistens aus dem Ortsnetz des Netzbetreibers gedeckt werden. Der Baustellenanschluss erfolgt über einen Anschlussschrank und einen nachgeschalteten Verteilerschrank oder über einen Anschlussverteilerschrank. Es gibt mehrere Möglichkeiten, den Übergabepunkt der Baustelle anzuschließen:
  - direkt an eine Netzstation,
  - aus einem Kabelverteilerschrank,
  - an das Netzkabel des späteren Hausanschlusses.

  Merke! Baustellen dürfen nicht über Steckvorrichtungen von bestehenden ortsfesten Anlagen eingespeist werden, es sei denn, es werden zusätzliche Schutzmaßnahmen angewandt (Kapitel 7.6).

- Mittelgroße Baustelle bis etwa 150 kVA: Es werden mehrere Krane und eine ausgedehnte Baustellenbeleuchtung geplant (die größten Stromverbraucher auf Baustellen). Der Bedarf kann meist auch über das regionale Ortsnetz eingespeist werden, jedoch muss mit dem Netzbetreiber der max. Anlaufstrom abgestimmt werden. Die Anschlussverteilerschränke kommen in diesen Fällen nicht zur Anwendung, sondern ein Anschlussschrank mit einem oder mehreren Verteilerschränken.
- Großbaustelle mit einem Leistungsbedarf von bis etwa 200 kVA und nicht selten auch darüber: Eine individuelle Abstimmung mit dem Netzbetreiber ist unumgänglich, da evtl. eine Transformatorenstation zwischen dem öffentlichen Netz und dem Anschlussschrank eingesetzt werden muss.

Empfehlungen kurzgefasst: Aufbau eines elektrischen Baustellennetzes

- Leistungsbedarf ermitteln,
- charakteristische Größen der Stromversorgung beachten,
- abhängig vom Leistungsbedarf Anschlussmöglichkeiten klären,
- nur zulässige Netzsysteme und Art der Erdverbindungen für Baustellen planen: TN-, TT- und IT-Systeme,
- Auswahl der Betriebsmittel nach DIN VDE 0100 Gruppe 500,
- für Baustromverteiler DIN EN 61439-4 (**VDE 0660-600-4**):2013-09 berücksichtigen,
- Erdungsanlagen normgerecht errichten und ständig überprüfen,
- für den Schutz der Leitungssysteme auf der Baustelle: Erkundungspflicht.

3 Begriffe, die im Zusammenhang mit elektrischen Anlagen auf Baustellen stehen

Einige wichtige Begriffe, die im Zusammenhang mit elektrischen Anlagen, Betriebsmitteln bzw. Verbrauchsmitteln sowie Definitionen für die Schutztechnik stehen und die gerade auf Baustellen ihre Bedeutung haben, werden nachfolgend genannt und kurz erläutert, um eine schnelle Information zu bieten. Diese Begriffe sind den DIN-VDE-Normen, insbesondere der DIN VDE 0100-200, der DIN VDE 0100-704, dem Internationalen Elektrotechnischen Wörterbuch (IEV) oder den Unfallverhütungsvorschriften entlehnt. Anforderungen, die speziell zu den einzelnen Begriffen einzuhalten sind, können den einzelnen Kapiteln dieses Buchs, direkt aus den DIN-VDE-Normen oder dem Buch *„Lexikon der Installationstechnik, 4. Auflage, 2013, VDE-Schriftenreihe 52, Berlin · Offenbach: VDE VERLAG“* entnommen werden.

Abdeckung	Teile elektrischer Betriebsmittel oder elektrischer Anlagen, durch die der Schutz gegen direktes Berühren in allen üblichen Zugangs- oder Zugriffsrichtungen gewährleistet wird. Abdeckungen müssen einen vollständigen Schutz gegen direktes Berühren (Basisschutz) aktiver Teile sicherstellen. Das Berühren aktiver Teile soll durch die Abdeckung verhindert werden. *DIN VDE 0100-410; BGV A3*
Abgeschlossene elektrische Betriebsstätte	Wenn eine elektrische Betriebsstätte ausschließlich durch den Betrieb elektrischer Anlagen bestimmt ist und der Raum für elektrotechnische Laien durch Verschluss nicht zugänglich ist, handelt es sich um abgeschlossene Betriebsstätten, z. B. Ortsnetzstationen, Schalt- und Verteilungsanlagen, Transformatorenzellen. *DIN VDE 0100-410; DIN VDE 0100-729; DIN VDE 0100-731*
Ableitstrom	Ein Strom, der in einem fehlerfreien Stromkreis von aktiven Teilen der Betriebsmittel über die Isolation zur Erde, zum Körper und/oder zu fremden leitfähigen Teilen fließt. Der Ableitstrom ist dann kein Fehlerstrom, wenn er den zulässigen Grenzwert (in DIN-VDE-Normen enthalten) nicht überschreitet. Fließt der Ableitstrom über den Schutzleiter (PE), wird er auch Schutzleiterstrom (bei Geräten der Schutzklasse I) genannt. *DIN EN 61140 (**VDE 0140-1**); DIN VDE 0100-557*
Abschranken	Wenn Anlageteile in der Nähe der Arbeitsstelle nicht freigeschaltet werden können, müssen nach den fünf Sicherheitsregeln vor Beginn der Arbeiten unter Spannung stehende Teile abgeschrankt werden. Durch das Abschranken wird ein teilweiser Schutz gegen elektrischen Schlag erreicht. *DIN VDE 0105-100; DIN VDE 0100-410*

Abstand	Durch Abstand wird ein teilweiser Schutz gegen direktes Berühren aktiver Teile sichergestellt. Es dürfen sich keine gleichzeitig berührbaren Teile unterschiedlichen Potentials in einer räumlichen Anordnung von weniger als 2,5 m befinden. *DIN VDE 0100-410; DIN VDE 0105-100; DIN VDE 0100-731; DIN EN 50191 (**VDE 0104**); DIN EN 50341-1 (**VDE 0210-1**); DIN VDE 0211; DIN EN 61936-1 (**VDE 0101-1**)*
Aktive Teile	Leiter und leitfähige Teile von Betriebsmitteln, die unter normalen Betriebsbedingungen unter Spannung stehen, wie die Außenleiter und die Neutralleiter. Die PEN-Leiter zählen nicht zu den aktiven Teilen. Aktive Teile müssen gegen direktes Berühren geschützt sein. *DIN VDE 0100-200; DIN VDE 0100-410*
Anlagenverantwortlicher	Eine Person, die vom Unternehmer benannt ist, die unmittelbare Verantwortung für den Betrieb der elektrischen Anlage zu tragen. Der Anlagenverantwortliche muss eine Elektrofachkraft sein. *DIN VDE 0105-100*
Anlagen auf Baustellen	Anlagen auf Baustellen sind die elektrischen Einrichtungen für die Durchführung von Arbeiten auf Hoch- und Tiefbaustellen sowie Metallbaumontagestellen. Zu Baustellen gehören Bauwerke und Teile von solchen, die ausgebaut, umgebaut, instand gesetzt oder abgebrochen werden. Sie sind so zu errichten, dass bei bestimmungsgemäßer Verwendung Personen und Sachen nicht gefährdet werden. *DIN VDE 0100-200; DIN VDE 0100-704; BGI/GUV-I 608*
Anlagen im Freien, geschützte und ungeschützte	Elektrische Anlagen und Betriebsmittel, die sich nicht in Gebäuden befinden, sondern außerhalb von Gebäuden installiert sind. Geschützte Anlagen im Freien: Betriebsmittel und Anlagen sind überdacht, z. B. Toreinfahrten, Tankstellen, Bahngleise. Ungeschützte Anlagen im Freien: Betriebsmittel und Anlagen sind nicht überdacht, z. B. im freien Gelände. *DIN VDE 0100-200; DIN VDE 0100-737; DIN EN 61936-1 (**VDE 0101-1**)*
Anschlusspunkt	Der räumliche und physikalische Punkt, an dem elektrische Energie zum Betrieb von elektrischen Anlagen und ortsfesten und ortsveränderlichen Betriebsmitteln auf Bau- und Montagestellen entnommen wird. *DIN VDE 0100-704; BGI/GUV-I 608*
Arbeiten an elektrischen Anlagen	Arbeiten an elektrischen Anlagen und Betriebsmitteln umfassen das Ändern, Erweitern, Instandhalten, Prüfen und Inbetriebnehmen. Die Arbeiten sind unter Berücksichtigung aller Normen und Unfallverhütungsvorschriften durchzuführen. Sie lassen sich weiter unterteilen in: • Arbeiten an aktiven Teilen, • Arbeiten in der Nähe aktiver Teile, • gelegentliche Stell- und Bedientätigkeit in der Nähe berührungsgefährlicher Teile, • Arbeiten an unter Spannung stehenden Teilen. *DIN VDE 0105-100; BGV A3*

Arbeitsverantwortlicher	Personen, die benannt sind und die die unmittelbare Verantwortung für die Durchführung der Arbeiten tragen. Der Arbeitsverantwortliche ist im Sinne der Arbeitssicherheit unmittelbar auf der Baustelle tätig. *DIN VDE 0105-100*
Art der Erdverbindung	Aus der Kombination der Art der Erdung und der Schutzeinrichtung entsteht die Kennzeichnung der Schutzmaßnahme gegen gefährliche Körperströme sowie des Schutzes durch Abschaltung oder Meldung bzw. Schutz durch automatische Abschaltung der Stromversorgung oder Meldung. Es handelt sich um charakteristische Merkmale der Stromversorgungssysteme hinsichtlich der entsprechenden Erdverbindung. Das erste Merkmal: Erdung des Systems, des Sternpunkts oder die Isolierung aller Netzpunkte gegen Erde. Das zweite Merkmal: die Verbindung der Körper der elektrischen Betriebsmittel in einer Verbraucheranlage mit dem geerdeten Punkt des Stromversorgungssystems oder den Anschluss der Körper an einen Erder in der Verbraucheranlage. Details zu den TN-Systemen, TT-Systemen oder IT-Systemen siehe: *DIN VDE 0100-100; DIN VDE 0100-200;* *„Lexikon der Installationstechnik“, VDE-Schriftenreihe 52, VDE VERLAG*
Außenleiter	Ein Leiter, der die Stromquelle mit den Verbrauchern verbindet, aber nicht vom Mittel- oder Sternpunkt ausgeht. Kurzzeichen: L1, L2, L3 Farbkennzeichen: jede Farbe, außer grün-gelb, grün, gelb oder mehrfarbig.
Basisisolierung	Die Isolierung unter Spannung stehender Teile zum grundlegenden Schutz gegen gefährliche Körperströme. Der Begriff Basisisolierung gilt nicht für die Isolierung, die ausschließlich Funktionszwecken dient. *IEV 195-06-06; DIN VDE 0100-200; DIN VDE 0100-410*
Basisschutz	Alle Maßnahmen zum Schutz von Personen und Nutztieren vor Gefahren, die sich aus einer Berührung mit aktiven Teilen ergeben können. Es handelt sich dann um einen vollständigen Schutz, wenn absichtliches oder unabsichtliches Berühren spannungsführender Teile ausgeschlossen ist. Ein teilweiser Schutz ist lediglich ein Schutz gegen unabsichtliches und damit zufälliges Berühren aktiver Teile. Der teilweise Schutz ist nur dort zulässig, wo elektrotechnische Laien keinen Zugang haben. Der Basisschutz ist möglich durch: • Schutz durch Hindernisse, • Schutz durch Anordnung außerhalb des Handbereichs, • Schutz durch Abdeckung oder Umhüllung, • Schutz durch Isolierung. *DIN VDE 0100-410*
Bau- und Montagestellen	Bereiche, in denen Bauarbeiten durchgeführt werden und damit erhöhte Anforderungen wegen der Beanspruchung der elektrischen Betriebsmittel gestellt sind. Da von den elektrischen Betriebsmitteln auf Baustellen erhöhte Gefährdungen für die arbeitenden Personen ausgehen, sind besondere Schutzmaßnahmen gefordert. *DIN VDE 0100-704; BGI 594; BGI/GUV-I 600*

Bau- und Montagearbeiten	Arbeiten zur Errichtung, Änderung, Erweiterung, Instandhaltung und Beseitigung von baulichen Anlagen im Hoch- und Tiefbau einschließlich der vorbereitenden und abschließenden Arbeiten. *DIN VDE 0100-704; BGI/GUV-I 608; BGI/GUV-I 600; DIN EN 61439-4 (**VDE 0660-600-4**)*
Bauarbeiten geringen Umfangs	Früher gab es in den Unfallverhütungsvorschriften den Begriff „kleine Baustellen“, damit waren Baustellen gemeint, bei denen elektrische Betriebsmittel nur einzeln benutzt oder 100 Arbeitsstunden max. für die durchgeführten Arbeiten erforderlich waren. Für diese kleinen Baustellen galten einige Erleichterungen bezüglich der Schutzmaßnahmen. Diese geminderten Anforderungen sind nicht mehr zulässig, sondern unabhängig von der Größe der Bau- und Montagestellen und vom Umfang der durchzuführenden Arbeiten sind grundsätzlich die erhöhten Anforderungen nach den DIN-VDE-Normen und Unfallverhütungsvorschriften einzuhalten. *DIN VDE 0100-704; BGI/GUV-I 608; BGI/GUV-I 600; DIN EN 61439-4 (**VDE 0660-600-4**)*
Baustromanschlussschrank	Für die Versorgung einer Baustelle mit elektrischer Energie sind Anschlussschränke erforderlich. Unter dem Netzanschluss wird der Anschluss der Baustelle an das Verteilungsnetz der öffentlichen Versorgung verstanden. *DIN VDE 0100-704; DIN EN 61439-4 (**VDE 0660-600-4**)*
Baustromverteiler	Für die elektrischen Anlagen und die Betriebsmittel auf Baustellen ist ein Speisepunkt erforderlich. Dieser Speisepunkt bildet die Stromquelle für die Baustelle. Es muss von diesem Speisepunkt aus die gesamte Anlage versorgt werden, sodass alle in Energierichtung nachgeschalteten Betriebsmittel als eine Einheit betrachtet werden können. *DIN VDE 0100-704; DIN EN 61439-4 (**VDE 0660-600-4**)*
Begrenzt leitfähige Bereiche	Ist die gängige Bezeichnung für leitfähige Bereiche mit begrenzter Bewegungsfreiheit, die auf Baustellen nicht selten möglich sind. Ein begrenzt leitfähiger Bereich besteht hauptsächlich aus metallischen und elektrisch leitenden Teilen, der so eng ist, dass eine Person, die sich darin aufhält, zwangsläufig großflächig mit den umgebenden Teilen in Kontakt kommt. Es gelten besondere Anforderungen an elektrische Betriebsmittel. *DIN VDE 0100-706; DIN VDE 0100-704*
Berührungsspannung	Die Spannung (U_T), die am menschlichen Körper oder am Körper des Nutztiers auftritt, wenn dieser vom Strom durchflossen wird, d. h. die Spannung, die zwischen zwei gleichzeitig berührbaren Teilen während eines Isolationsfehlers auftreten kann. Bei Wechselspannung max. 50 V; bei besonderen Betriebsbedingungen 25 V. *DIN VDE 0100-200; DIN VDE 0100-410; DIN VDE 0141; DIN EN 61936-1 (**VDE 0101-1**)*
Berührungsgefährliche Teile	Teile elektrischer Betriebsmittel, die betriebsmäßig unter Spannung stehen und bei einer Berührung durch Personen zu Gefahren führen können. *DIN VDE 0100-200; DIN VDE 0100-410*

Bewegliche Leitung	Eine an den Enden abgeschlossene Leitung, die zwischen den Anschlussstellen bewegt werden kann. *DIN VDE 0100-510*
Einwirkungen auf ortsveränderliche elektrische Betriebsmittel	Die Sicherheit von Betriebsmitteln kann durch unterschiedliche Einwirkungen beeinträchtigt werden, wie durch mechanische, physikalische und chemische Einwirkungen. Dabei spielen die Größe, die Dauer und die Intensität dieser Einwirkungen auf die ortsveränderlichen Betriebsmittel eine große Rolle. Daher ist bei der Auswahl der Betriebsmittel für eine Baustelle schon auf die späteren Einwirkungen zu achten. *BGI/GUV-I 600*
Elektrische Anlagen	Zusammenschluss von elektrischen Betriebsmitteln zum Erzeugen, Umwandeln, Speichern, Fortleiten, Verteilen und Verbrauchen von elektrischer Energie. Die elektrische Anlage auf der Baustelle ist die Gesamtheit der zusammengeschlossenen Betriebsmittel mit koordinierten Kenngrößen, z. B. in Form von mechanischer Arbeit, Wärme- und Lichterzeugung oder für die Weiterverteilung des Stroms auf der gesamten Baustelle. *DIN VDE 0100-200; BGV A3*
Elektrische Betriebsmittel, ortsfeste und ortsveränderliche	Dies sind alle Gegenstände, die zum Zwecke der Erzeugung, Umwandlung, Übertragung, Verteilung und Anwendung elektrischer Energie benutzt werden, wie Maschinen, Transformatoren, Schaltgeräte, Messgeräte, Schutzeinrichtungen, Kabel- und Leitungen, Ersatzstromversorgungsanlagen. Ortsfeste: fest angebrachte Betriebsmittel ohne Tragevorrichtung und großer Masse, d. h., sie können nicht leicht bewegt werden. Ortsveränderliche: Betriebsmittel, die während des Betriebs bewegt werden oder leicht räumlich versetzt werden können, während sie an den Versorgungsstromkreis angeschlossen sind. *DIN VDE 0100-200; BGI/GUV-I 608*
Elektrische Verbrauchsmittel	Die Betriebsmittel, die die Aufgabe haben, die elektrische Energie in anderen Energiearten nutzbar zu machen, z. B. Mechanische Energie: elektromotorische Antriebe, Wärmeenergie: Heizgeräte, Licht: Lampen, Leuchten. *DIN VDE 0100-200; BGI/GUV-I 608; DIN VDE 0100-704*
Elektrischer Schlag	Physiologische Wirkung des Stroms. Durchfließt ein gefährlicher Berührungsstrom den menschlichen Körper, so kann ein Anteil dieses Stroms über das Herz fließen und bei ungünstiger körperlicher Konstellation (Körperwiderstand, Ein- und Austrittstelle des Stroms im Körper) und sonstiger gefährlicher Rahmenbedingungen kann der Tod der Person eintreten. *IEC-Bericht 479*

Elektrofachkraft	Eine Person, die durch die fachliche Ausbildung, Kenntnisse und Erfahrungen über die Elektrotechnik, Kenntnisse über die DIN-VDE-Normen und über die fachliche Qualifikation für das Errichten und Betreiben elektrischer Anlagen und Betriebsmittel auf Baustellen verfügt. Sie muss die möglichen Gefahren der Elektrizität erkennen können. *DIN VDE 0105-100; BGV A3*
Elektrotechnisch unterwiesene Person	Die Anforderungen an elektrotechnisch unterwiesene Personen sind geringer als die an die Elektrofachkraft. Es werden nur Kenntnisse für die ihr übertragenen Aufgaben vorausgesetzt. Sie gilt als ausreichend qualifiziert, wenn sie zu den ihr übertragenen Aufgaben und die möglichen Gefahren auf der Baustelle durch unsachgemäße Handlungen unterwiesen, eingewiesen und angelernt worden ist. *DIN VDE 0105-100; BGV A3*
Elektrotechnischer Laie	Eine Person, die weder Elektrofachkraft noch als elektrotechnisch unterwiesene Person qualifiziert ist. Gerade auf Baustellen trifft diese Nichtqualifikation im elektrotechnischen Sinne auf Handwerker anderer Gewerke zu, daher gilt für den Personenkreis besondere Vorsicht. Nach der BGV A3 dürfen elektrotechnische Laien nur Tätigkeiten in elektrischen Anlagen bzw. an Betriebsmitteln durchführen unter Leitung und Aufsicht einer Elektrofachkraft. *DIN VDE 0105-100; BGV A3*
Erder	Er besteht aus leitfähigem Material und ist unmittelbar in Erde oder in ein mit Erde verbundenes Fundament eingebracht und bildet mit diesen eine elektrische Verbindung. Er erfüllt verschiedene Funktionen (Betriebserder, Schutzerder) und wird nach unterschiedlichen Ausführungsformen errichtet. Für die Baustelleninstallation werden häufig Tiefenerder als Stab- oder Rohrerder verwendet. *DIN VDE 0100-200; DIN VDE 0100-540; DIN VDE 0141; DIN VDE 0151; DIN EN 50522 (**VDE 0101-2**)*
Erhöhte elektrische Gefährdung	Erhöhte elektrische Gefährdung ist auf der Baustelle gegeben, da aus der Umgebung zusätzliche Belastungen, wie Staub, Feuchtigkeit, Korrosion, mechanische Beanspruchung, auf die Betriebsmittel einwirken. Außerdem können von den Betriebsmitteln durch Einflüsse auf die Personen, wie geringerer Körperwiderstand, evtl. fehlender Schutz von Betriebsmitteln, räumliche Nähe von leitfähigen Teilen, menschliches Fehlverhalten, Gefährdungen ausgehen. *DIN VDE 0100-704; DIN VDE 0100-410; BGI 594; DIN VDE 0100-706*
Ersatzstromversorgungs-anlagen	Ersatzstromversorgungsanlagen sind netzunabhängige Stromversorgungsanlagen. Sie übernehmen die elektrische Energieversorgung auf der Baustelle, wenn keine Möglichkeit für einen Anschluss an das öffentliche Verteilungsnetz besteht oder wenn ein Ausfall der öffentlichen Stromversorgung ersetzt werden muss. *DIN VDE 0100-410; DIN VDE 0100-560; DIN VDE 0100-704; DIN VDE 0100-551*

Fehlerschutz	Schutz bei indirektem Berühren ist der Schutz von Personen und Nutztieren vor Gefahren, die sich im Fehlerfall aus einer Berührung mit Körpern der Betriebsmittel oder fremden leitfähigen Teilen ergeben können. Die Anforderungen auf Baustellen an Schutzmaßnahmen sind besonders hoch, weil dort die Einwirkungen auf die Betriebsmittel durch äußere Einflüsse hoch sind und andererseits die Auswirkungen im Fehlerfall durch elektrische Betriebsmittel auf die dort arbeitenden Personen hoch sein können. *DIN VDE 0100-410*
Fehlerstromschutzein-richtung (RCD)	Dies ist die einheitliche Bezeichnung für verschiedene Arten von Fehlerschutzschaltern, Fehlerschutzgeräten und Fehlerschutzeinrichtungen (Bedeutung RCD: **R**esidual **C**urrent protective **D**evice; frühere Bezeichnung Fehlerstrom-(FI-)Schutzschaltung). Auf der Baustelle geforderte Schutzeinrichtung. *DIN VDE 0100-410; DIN VDE 0100-704*
Gefährdungsbeurteilung	Elektrische Anlagen und Betriebsmittel auf Baustellen sollen nach den Unfallverhütungsvorschriften einer Gefährdungsbeurteilung unterzogen werden. Das Arbeitsschutzgesetz und die Betriebssicherheitsverordnung fordern dies von den Unternehmern/Arbeitgebern. Dabei reicht es aus, für eine Gruppe elektrischer Betriebsmittel eine Gefährdungsbeurteilung vornehmen zu lassen. *Arbeitsschutzgesetz; Betriebssicherheitsverordnung; BGI/GUV-I 608; BGV/GUV-V A1*
Handbereich	Der Schutz durch Anordnung außerhalb des Handbereichs ist dafür vorgesehen, ein unbeabsichtigtes Berühren aktiver Teile zu verhindern. Die Grenzen des Handbereichs (Höhe: 2,5 m; zur Seite: 1,25 m und nach unten: 0,75 m) sind zu beachten, wenn der Schutz gegen gefährliche Berührungsströme durch einen Abstand sichergestellt werden soll. *DIN VDE 0100-410; DIN VDE 0100-100; DIN VDE 0100-200*
Handgeräte, Handleuchten	Ortsveränderliche Betriebsmittel, die während des üblichen Gebrauchs in der Hand gehalten werden bzw. ortsveränderliche Leuchten mit einer flexiblen Anschlussleitung und einem Handgriff aus Isolierstoff. *DIN VDE 0100-200; DIN VDE 0100-706*
Haupterdungsschiene	Die Haupterdungsschiene dient zur Verbindung der Schutzleiter, der Schutzpotentialausgleichsleiter und der Leiter für die Funktionserdung mit Erdungsleitung und den Erdern. *DIN VDE 0100-200; DIN VDE 0100-540*
Kleinspannungen	SELV, PELV, FELV: • SELV: Bezeichnung für Schutzkleinspannung (**S**afety **E**xtra **L**ow **V**oltage), • PELV: Bezeichnung für Funktionskleinspannung mit sicherer Trennung (**P**rotective **E**xtra **L**ow **V**oltage), • FELV: Bezeichnung für Funktionskleinspannung ohne sichere Trennung (**F**unctional **E**xtra **L**ow **V**oltage). *DIN VDE 0100-704; DIN VDE 0100-410; BGI 594; DIN VDE 0100-706*

Leitungstrossen	Flexible Starkstromleitungen, die sehr hohen mechanischen Beanspruchungen ausgesetzt werden können. Sie werden meist als ortsveränderliche elektrische Betriebsmittel mit Nennspannungen bis zu 30 kV verwendet. Sie sind sehr robust, wärme- und ölbeständig, flammwidrig und haben einen oder zwei Gummimäntel. Leitungstrossen dürfen nicht fest in Erde verlegt werden. Auf Baustellen oft eingesetzt. *DIN VDE 0250-813*
Neutralleiter	Ein mit dem Mittelpunkt bzw. Sternpunkt des Netzes verbundener Leiter, der zur Übertragung elektrischer Energie beiträgt. *DIN VDE 0100-200; DIN VDE 0100-430; DIN VDE 0100-520*
Nicht elektrotechnische Arbeiten	Sie werden von elektrotechnischen Laien ausgeführt. Es handelt sich um Arbeiten im Bereich einer elektrischen Anlage, z. B. Bau- und Montagearbeiten, Erdarbeiten, Reinigungsarbeiten, Anstrich- und Korrosionsschutzarbeiten, Gerüstbauarbeiten, Arbeiten mit Hebezeugen, Transportarbeiten. Die Annäherungszone von an unter Spannung stehenden Anlageteilen darf dabei nicht erreicht werden, es sei denn, dass ein vollständiger Schutz gegen direktes Berühren besteht. *DIN EN 61936-1 (**VDE 0101-1**); BGV A3*
Nichtstationäre elektrische Anlagen	Anlagen, die nach dem Einsatz auf der einen Baustelle abgebaut und an einer neuen Baustelle wieder aufgebaut werden. *BGI/GUV-I 608; DIN VDE 0100-600*
Not-Aus-Schaltung	Aktuelle Normbezeichnung: Handlungen im Notfall. Eine Betätigung, die dazu bestimmt ist, Gefahren, die unerwartet auftreten können, so schnell wie möglich zu beseitigen. *DIN VDE 0100-723; DIN VDE 0100-460*
Ordnungsgemäßer Zustand der elektrischen Anlagen	Die Maßnahmen zum Schutz gegen direktes Berühren (Basisschutz) und die Maßnahmen zum Schutz bei indirektem Berühren (Fehlerschutz) entsprechen den Anforderungen der DIN-VDE-Normen. *DIN VDE 0100-410; BGI/GUV-I 5090*
PEN-Leiter	Ein geerdeter Leiter, der zugleich die Funktionen des Schutzleiters (PE) und des Neutralleiters (N) erfüllt. *DIN VDE 0100-430; DIN VDE 0100-540*
Potentialausgleich	Eine elektrische Verbindung, die die Körper elektrischer Betriebsmittel und fremde leitfähige Teile auf gleiches oder annähernd gleiches Potential bringt. *DIN VDE 0100-540; DIN EN 50522 (**VDE 0101-2**); DIN VDE 0141*
Schalt- und Steuergeräte	Betriebsmittel, die in einem elektrischen Stromkreis eingesetzt werden, um eine oder mehrere der Funktionen zu erfüllen: Schützen, Steuern, Trennen, Schalten. *DIN VDE 0100-460; DIN VDE 0100-537*
Schutzklassen	Sie kennzeichnen den Schutz bei indirektem Berühren (Fehlerschutz). So müssen Handleuchten auf Baustellen mindestens der Schutzklasse II (Schutzisolierung) oder Schutzklasse III (Schutzkleinspannung) entsprechen. *DIN EN 61140 (**VDE 0140-1**)*

Schutzleiter	Ein Leiter, der zum Zweck der Sicherheit, z. B. für einige Schutzmaßnahmen gegen elektrischen Schlag, erforderlich ist, um die elektrische Verbindung zu folgenden Teilen herzustellen: • Körper der elektrischen Betriebsmittel, • fremde leitfähige Teile, • Haupterdungsschiene, • Erder, • geerdeter Punkt der Stromquelle. *DIN VDE 0100-430; DIN VDE 0100-510; DIN VDE 0100-540*
Schutzmaßnahmen	Schutzmaßnahmen sind auf der Baustelle wichtige Bestandteile für die Versorgung mit Elektrizität: Schutz gegen elektrischen Schlag, Schutz gegen thermische Einflüsse, Schutz bei Überstrom, Schutz gegen Überspannungen, Schutz gegen Unterspannungen. *DIN VDE 0100-410*
Schutztrennung	Eine Schutzmaßnahme gegen gefährliche Körperströme, bei der die Betriebsmittel mithilfe eines Transformators vom speisenden Netz sicher getrennt und nicht geerdet sind. *DIN VDE 0100-410*
Schutzverteiler	Schutzverteiler bestehen aus einer ortsveränderlichen Fehlerstromschutzeinrichtung (RCD) in Kombination mit mehreren Steckdosen in einem Gehäuse. Anforderungen Kapitel 7.6 und 11 *BGI/GUV-I 608*
Übergabepunkt	Die Stelle einer elektrischen Anlage, an der die elektrische Energie in eine Anlage eingespeist wird. Sie ist zugleich Trennstelle, an der das einspeisende Netz bzw. der einspeisende Stromkreis von der zu versorgenden Anlage getrennt werden kann. Der Übergabepunkt wurde auch als Speisepunkt der Baustelle bezeichnet. Den sog. Speisepunkt gibt es nicht mehr. Der Übergabepunkt ist die Stelle, an der die elektrische Energie vom Netzbetreiber an den Verbraucher übergeben wird. Auf der Baustelle ist von einer besonderen Gefährdung auszugehen, daher wird auf der Baustelle die Versorgung mit elektrischer Energie über einen besonderen Anschluss (z. B. Anschlussschrank) verlangt, der alle erforderlichen Schutzmaßnahmen sicherstellen muss, unabhängig davon, welche Schutzmaßnahme der einspeisende Stromkreis erfüllt. *DIN VDE 0100-200; DIN VDE 0100-410; DIN VDE 0100-704; BGI/GUV-I 608*
Überlaststrom	Der Überstrom, der in einem fehlerfreien Stromkreis auftritt und nicht durch einen Kurzschluss oder Erdschluss hervorgerufen wird. *DIN VDE 0100-200*
Überstrom	Der Strom, der den Bemessungswert überschreitet. Für Leiter entspricht der Strombemessungswert der Dauerstrombelastbarkeit. *DIN VDE 0100-200*

4 Gültigkeit der Normen und Unfallverhütungsvorschriften für Baustellen

Für die Errichtung von Niederspannungsanlagen ist grundsätzlich die Normenreihe DIN VDE 0100 anzuwenden. Diese Normenreihe ist aktuell in sechs Gruppen gegliedert:

- Gruppe 100: Anwendungsbereich/allgemeine Anforderungen
- Gruppe 200: Begriffe
- Gruppe 400: Schutzmaßnahmen
- Gruppe 500: Auswahl und Errichtung elektrischer Betriebsmittel
- Gruppe 600: Prüfungen
- Gruppe 700: Bestimmungen für Betriebsstätten, Räume und Anlagen besonderer Art

In den Teilen der Gruppen 100 bis 600 wird das Errichten der elektrischen Anlagen unter normalen Bedingungen beschrieben, die üblicherweise für den Betrieb der Anlagen gelten und für die die einzelnen Betriebsmittel entsprechend ihrer Bestimmungen ausgelegt sind. In der Gruppe 700 werden in Anpassung an die Besonderheiten für bestimmte Betriebsstätten, Räume und Anlagen die Grundbestimmungen entweder verschärft, erweitert oder auch in Einzelfällen aufgehoben. Elektrische Anlagen und Betriebsmittel auf Baustellen sind besonderen Umwelt- und Umfeldbedingungen ausgesetzt. Daher gelten für diese Anlagen einmal die Normen für „normale“ Bedingungen und zusätzlich eine Norm aus der Gruppe 700, DIN VDE 0100-704 „Errichten von Niederspannungsanlagen – Anforderungen für Betriebsstätten, Räume und Anlagen besonderer Art – Baustellen“.

Um dem Fachmann die Arbeit auf der Suche nach entsprechenden Anforderungen zu erleichtern, sind die wichtigsten, relevanten Normen einschließlich der Gültigkeit nachfolgend aufgelistet. Zurückgezogene Normen sind nicht mehr genannt.

DIN-VDE-Norm	Kurztitel	Anmerkungen
DIN VDE 0100-704: 2007-10	Baustellen	Der Teil der Normenreihe DIN VDE 0100, der die Zusatzanforderungen für elektrische Anlagen auf Baustellen enthält.
DIN VDE 0100-706: 2007-10	Leitfähige Bereiche mit begrenzter Bewegungsfreiheit	Der Teil gilt für festangebrachte Betriebsmittel und für die Stromquellen für tragbare Betriebsmittel in leitfähigen Bereichen, wo die Bewegungsfreiheit von Personen eingeschränkt ist, so wie es auf Baustellen häufiger vorkommt.
DIN VDE 0100-100: 2009-06	Allgemeine Grundsätze, Bestimmungen allgemeiner Merkmale, Begriffe	Allgemeine Grundsätze und Schutz zum Erreichen der Sicherheit mit Angabe der verschiedenen Schutzmaßnahmen.

DIN-VDE-Norm	Kurztitel	Anmerkungen
DIN VDE 0100-200: 2006-06	Begriffe	Begriffe elektrischer Anlagen für Wohnungen, Industriewesen und gewerbliche Anwesen.
DIN VDE 0100-410: 2007-06	Schutz gegen elektrischen Schlag	Basisschutz (Schutz gegen direktes Berühren) und Fehlerschutz (Schutz bei indirektem Berühren); Koordinierung der Anforderungen zu äußeren Einflüssen.
DIN VDE 0100-420: 2013-02	Schutz gegen thermische Auswirkungen	Gegen thermische Einflüsse, Verbrennungen von Materialien sowie Brandgefahr, ausgehend von elektrischen Betriebsmitteln.
DIN VDE 0100-430: 2010-10	Schutz bei Überstrom	Schutz von aktiven Leitern in Fällen von Überlast und Kurzschluss durch Einrichtungen für die automatische Abschaltung.
DIN VDE 0100-442: 2013-06	Schutz von Niederspannungsanlagen bei vorübergehenden Überspannungen infolge von Erdschlüssen im Hochspannungsnetz und bei Fehlern im Niederspannungsnetz	Für die Sicherheit z. B. im Falle einer Unterbrechung des Neutralleiters; Kurschluss zwischen Außenleiter und Neutralleiter.
DIN VDE 0100-443: 2007-06	Schutz bei Überspannungen infolge atmosphärischer Einflüsse oder von Schaltvorgängen	Schutz bei Überspannungen, die sich vom Netz auf die Baustelle übertragen können infolge atmosphärischer Einflüsse oder von Schaltvorgängen.
DIN VDE 0100-444: 2010-10	Schutz bei Störspannungen und elektromagnetischen Störgrößen	Anforderungen und Empfehlungen zur Vermeidung elektromagnetischer Störungen.
DIN VDE 0100-450: 1990-03	Schutz gegen Unterspannung	Bei Spannungseinbruch oder Spannungsausfall mit anschließender Spannungswiederkehr müssen gegen Gefahren Abhilfemaßnahmen getroffen werden.
DIN VDE 0100-460: 2002-08	Trennen und Schalten	Gilt für nicht-automatische örtliche und dezentrale Trenn- und Schaltmaßnahmen, um Gefahren zu verhindern.
DIN VDE 0100-510: 2014-10	Auswahl und Errichtung elektrischer Betriebsmittel – Allgemeine Bestimmungen	Regeln zur Einhaltung von Schutzmaßnahmen und Anforderungen bezüglich vorhersehbarer äußerer Einflüsse.
DIN VDE 0100-520: 2013-06	Kabel- und Leitungsanlagen	Auswahl und Errichtung von Kabel- und Leitungsanlagen.
DIN VDE 0100-530: 2011-06	Schalt- und Steuergeräte	Gilt für die Auswahl von Betriebsmitteln zum Trennen, Schalten, Steuern und Überwachen und deren Errichtung zur Sicherstellung der Schutzmaßnahmen und der Funktion.
DIN VDE 0100-534: 2009-02	Trennen, Schalten, Steuern – Überspannung-Schutzeinrichtungen (ÜSE)	Vorkehrungen für die Anwendung der Spannungsbegrenzung.

DIN-VDE-Norm	Kurztitel	Anmerkungen
DIN VDE 0100-537: 1999-06	Schalt- und Steuergeräte – Geräte zum Trennen und Schalten	Erläuterungen der Funktionen für Handlungen im Notfall.
DIN VDE 0100-540: 2012-06	Erdungsanlagen und Schutzleiter	Ziel der Norm: durch Erdungsanlagen die Sicherheit elektrischer Anlagen zu erfüllen.
DIN VDE 0100-550: 1988-04	Steckvorrichtungen, Schalter und Installationsgeräte	Für Steckvorrichtungen auf Baustellen gilt DIN VDE 0100-704.
DIN VDE 0100-551: 2011-06	Niederspannungsstromerzeugungseinrichtungen	Stromversorgung, die nicht an ein Netz angeschlossen ist, als Alternative zum Netz, parallel zum Netz.
DIN VDE 0100-557: 2014-10	Hilfsstromkreise	Hilfsstromkreise, ausgenommen die innere Verdrahtung von Geräten.
DIN VDE 0100-559: 2014-02	Leuchten und Beleuchtungsanlagen	Auswahl und Errichtung von Leuchten und Beleuchtungsanlagen, die Teil einer ortsfesten elektrischen Anlage sind.
DIN VDE 0100-560: 2013-10	Einrichtungen für Sicherheitszwecke	Enthält allgemeine Anforderungen für Einrichtungen für Sicherheitszwecke, für die Auswahl und Errichtung elektrischer Anlagen von Einrichtungen für Sicherheitszwecke und von Stromquellen für Sicherheitszwecke.
DIN VDE 0100-600: 2008-06	Prüfungen	Anforderungen an die Erstprüfung und die wiederkehrende Prüfung von elektrischen Anlagen.
DIN VDE 0105-100: 2009-10	Betrieb von elektrischen Anlagen	Ordnungsgemäßer und sicherer Betrieb und die Sicherheit bei der Durchführung von Arbeiten.
DIN VDE 1000-10: 2009-01	Anforderungen an die im Bereich der Elektrotechnik tätigen Personen	Festlegungen zur Definition der Fachleute und Abgrenzungen zueinander.
DIN EN 50525-2-21 (**VDE 0285-525-2-21**): 2012-01	Flexible Leitungen mit vernetzter Elastomer-Isolierung	Auf der Baustelle werden häufig flexible Leitungen verwendet.
DIN EN 61439-4 (**VDE 0660-600-4**): 2013-09	Besondere Anforderungen für Baustromverteiler (BV)	Die Vorgängernorm ist zurückgezogen.
DIN EN 60309-2 (**VDE 0623-2**): 2013-01	Stecker, Steckdosen und Kupplungen für industrielle Anwendungen	Die Vorgängernorm ist zurückgezogen.
DIN VDE 0105-100 (**VDE 0105-100**): 2009-10	Betrieb von elektrischen Anlagen	Gilt für das Bedienen von und allen Arbeiten an, mit oder in der Nähe von elektrischen Anlagen.
BGI/GUV-I 608 vom Mai 2012	Auswahl und Betrieb elektrischer Anlagen und Betriebsmittel auf Bau- und Montagestellen	Auch Anwendung auf vorhandene elektrische Anlagen, wenn diese auf anderen Baustellen wieder eingesetzt werden.

DIN-VDE-Norm	Kurztitel	Anmerkungen
BGI 519 vom Februar 2009	Sicherheit bei Arbeiten an elektrischen Anlagen	Hinweise zur Vorbeugung von Unfällen.
BGI 594 vom März 2006	Einsatz von elektrischen Betriebsmitteln bei erhöhter elektrischer Gefährdung	Benutzung ortsfester und ortsveränderlicher elektrischer Betriebsmittel in Bereichen erhöhter Gefährdung.
BGI 867 vom Mai 2005	Auswahl und Betrieb von Ersatzstromerzeugern auf Bau- und Montagestellen	Wenn der Baustelle der Strom nicht oder teilweise nicht durch das öffentliche Netz zur Verfügung steht.
BGI/GUV-I 600 vom Mai 2012	Auswahl und Betrieb ortsveränderlicher elektrischer Betriebsmittel nach Einsatzbedingungen	Auswahl der Betriebsmittel beim Einsatz an Arbeitsplätzen mit erhöhten mechanischen, physikalischen oder chemischen Einwirkungen.
BGI/GUV-I 5090 vom Februar 2014	Wiederkehrende Prüfungen ortsveränderlicher elektrischer Arbeitsmittel – Fachwissen für den Prüfer	Prüfumfang, Prüfarten und Grenzwerte zur Feststellung der Sicherheit.
BGI/GUV-I 5190 vom Februar 2012	Wiederkehrende Prüfungen ortsveränderlicher elektrischer Arbeitsmittel – Organisation durch den Unternehmer	Organisation wiederkehrender Prüfungen an ortsveränderlichen elektrischen Arbeitsmitteln und transportablen elektrischen Arbeitsmitteln.
BGV A3 vom April 2012	Unfallverhütungsvorschrift	Für elektrische Anlagen und Betriebsmittel und für nichtelektrotechnische Arbeiten in der Nähe elektrischer Anlagen.
BaustellV 1998, Stand 2004	Verordnung über Sicherheit und Gesundheitsschutz auf Baustellen	Mindestvorschriften für Sicherheit und Gesundheitsschutz auf ortsveränderliche Baustellen.

5 Definition der Baustelle und Anwendungsbereich der DIN VDE 0100-704

Baustellen sind Orte, an denen Bauvorhaben ausgeführt werden. Diese Vorhaben dienen dazu, eine oder mehrere bauliche Anlagen zu errichten, zu ändern oder abzubrechen. Besteht ein Bauvorhaben aus mehreren baulichen Anlagen, die in einem unmittelbaren zeitlichen oder räumlichen Zusammenhang zueinanderstehen, handelt es sich in der Regel auch um eine Baustelle.

Nach der Definition in den Unfallverhütungsvorschriften sind Bau- und Montagestellen Bereiche, in denen Arbeiten zur Herstellung, Instandhaltung, Änderung und Abbruch von baulichen Anlagen durchgeführt werden. Die BGI/GUV-I 608 findet Anwendung auf die Auswahl *(Anmerkung: auch für die Errichtung elektrischer Anlagen, denn elektrische Anlagen werden vor Ort jeweils errichtet; Betriebsmittel können ausgewählt werden)* und den Betrieb elektrischer Anlagen und Betriebsmittel, die auf Baustellen betrieben werden. Diese Information der Berufsgenossenschaft wird auch auf vorhandene elektrische Betriebsmittel angewandt, wenn diese erneut auf anderen Baustellen wieder eingesetzt werden. Die Anforderungen aus BGI/GUV-I 608 gelten unabhängig von der Größe der Bau- und Montagestellen und vom Umfang der durchzuführenden Arbeiten, d. h., die einzuhaltenden Bestimmungen für die Sicherheit und den Gesundheitsschutz gelten in jedem Fall, für Großbaustellen sowie auch für eine einzelne Steckdose bei einer kleinen Baumaßnahme. Den früher gebräuchlichen Begriff „kleine Baustelle" gibt es nicht mehr. Bei kleinen Baustellen galten früher einige Erleichterungen für die Anwendung von Schutzmaßnahmen.

Nach DIN VDE 0100-704 sind elektrische Anlagen auf Baustellen zeitlich begrenzte Einrichtungen für die Durchführung von Arbeiten auf Hoch- und Tiefbaustellen sowie Metallbaumontagen. Zu den Baustellen gehören auch Bauwerke und Teile von solchen, die aus- und umgebaut, abgebrochen oder instand gesetzt werden. Die Anforderungen gelten für die fest und die beweglich errichteten elektrischen Anlagen von Baustellen. Die Anforderungen aus DIN VDE 0100-704 werden in den nachfolgenden Kapiteln ausführlich behandelt, aber auf Baustellen gilt auch grundsätzlich, dass die allgemeinen Anforderungen der Normen der Reihe DIN VDE 0100 einzuhalten sind. Insbesondere gilt dies für den Schutz gegen elektrischen Schlag, d. h., es müssen die Anforderungen von DIN VDE 0100-410, DIN VDE 0100-540 und die entsprechenden Unfallverhütungsvorschriften berücksichtigt werden (siehe Kapitel 4). **Bild 5.1** zeigt als Illustration eine größere Baustelle mit Baustromverteilern.

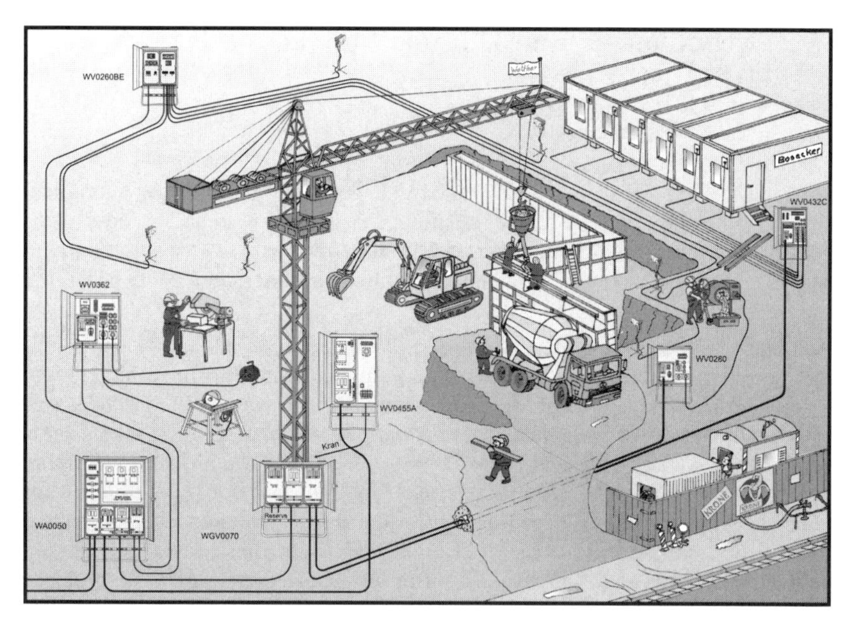

Bild 5.1 Darstellung einer größeren Baustelle
(Quelle: Walther, System Bosecker)

5.1 Abgrenzung zur Baustelle; Nebengebäude der Baustellen

Die Anforderungen aus der DIN VDE 0100-704 gelten nicht für Anwendungen im Tagebau oder im Steinbruch oder ähnlichen Betrieben zum Gewinnen, Fördern und Verkippen, also für elektrische Anlagen von Fördergeräten, Bandanlagen, Entwässerungsanlagen oder ähnliche Anlagen. Diese fallen in den Anwendungsbereich der DIN VDE 0168.

Nicht als elektrische Anlagen auf Baustellen gelten nach DIN VDE 0100-704 die Verwaltungsräume und Unterkunftsräume von Baustellen, wie Büros, Umkleideräume, Sitzungsräume, Kantinen, Toiletten, Schlafräume und Lager. Diese Nebengebäude bzw. Räume sind nach den sonst üblichen Grundsätzen zu errichten, d. h., für diese Räume gelten die DIN-VDE-Normen der Reihe 0100 der Gruppen 100 bis 600. Sind in Einzelfällen Bauhandwerker in Wohnwagen (Caravans) für die Zeit der Baustelle untergebracht, so gilt ebenfalls nicht der Teil 704, sondern für elektrische Anlagen von Caravans und Motorcaravans gilt DIN VDE 0100-721.

Es handelt sich auch dann nicht um Baustellen im Sinne der DIN VDE 0100-704, wenn lediglich einzelne Betriebsmittel, wie Elektrowerkzeuge, Lötkolben, Handleuchten oder Schweißgeräte, benutzt werden. Diese können an fest installierte Schutzkontaktsteckdosen im jeweiligen Bauwerk angeschlossen werden. Es muss dann allerdings die ordnungsgemäße Anwendung des Fehlerschutzes (Schutz bei indirektem Berühren) sichergestellt sein. Das gilt auch für einzeln verwendete Betonmischmaschinen, wenn

- sie mit Schutz durch Kleinspannung mittels SELV oder Schutztrennung oder
- mit der Schutzmaßnahme doppelte oder verstärkte Isolierung

betrieben werden können.

Wichtige Anmerkung! Nach der BGI/GUV-I 608 ist der direkte Anschluss von elektrischen Verbrauchsmitteln an Steckdosen einer Gebäudeinstallation ohne die Anwendung eines zusätzlichen Schutzes *nicht* zulässig. Diese Forderung wird damit begründet, dass der Bauhandwerker das Vorhandensein und die Funktionsfähigkeit der erforderlichen Schutzeinrichtung der Steckdose in der Gebäudeinstallation meist nicht beurteilen kann. Im Abschnitt 4 der o. g. Unfallverhütungsvorschrift werden für Steckdosen in einer bestehenden Installation entsprechende Schutzmaßnahmen gefordert (Kapitel 7.6).

Empfehlung! Auch bei einzeln verwendeten Betriebsmitteln und Anschluss an eine bestehende Installation sollten Schutzmaßnahmen angewendet werden (z. B. die Verwendung einer ortsveränderlichen Fehlerstromschutzeinrichtung, PRCD nach DIN VDE 0661).

Empfehlungen kurzgefasst: Anwendungsbereich

- Arbeiten auf Hoch-, Tief- und Montagebaustellen;
- nach BGI/GUV-I 608 gelten die Anforderungen unabhängig von der Größe der Baustelle, und sie gelten für fest und beweglich errichtete elektrische Anlagen;
- neben der DIN VDE 0100-704 gelten weitere Normen und Unfallverhütungsvorschriften für Baustellen;
- nicht als Baustellen gelten: Verwaltungsräume und Unterkunftsräume von Baustellen, wie Büros, Umkleideräume, Sitzungsräume, Kantinen, Toiletten, Schlafräume und Lager; elektrische Anlagen sind dort nach den üblichen Bestimmungen zu errichten;
- der Anschluss an Steckdosen einer vorhandenen Gebäudeinstallation ist nicht zulässig, es sei denn, es wird ein zusätzlicher Schutz vorgesehen;
- auch bei einzeln verwendeten Betriebs- bzw. Verbrauchsmitteln wird die Verwendung einer ortsveränderlichen Fehlerstromschutzeinrichtung (RCD) empfohlen.

6 Anschluss der Baustelleneinrichtungen an das öffentliche Versorgungsnetz

Nach dem Energiewirtschaftsgesetz (EnWG) sind die Netzbetreiber verpflichtet, jedermann an das Versorgungsnetz anzuschließen und mit elektrischer Energie zu versorgen, so auch die Stromversorgung einer Baustelle. Bestandteil des Versorgungsvertrags sind die *Allgemeinen Bedingungen für den Netzanschluss und dessen Nutzung für die Elektrizitätsversorgung*, z. B. in der Niederspannung (NAV) in Verbindung mit den *Technischen Anschlussbedingungen (TAB).* Diese Festlegungen regeln die Rechte und Pflichten zwischen Netzbetreiber sowie Kunden und sollen ein Höchstmaß an Sicherheit sowie Zuverlässigkeit gewährleisten. Baustellen zählen nach den TAB für den Anschluss an das Niederspannungsnetz der Netzbetreiber zu den vorübergehend angeschlossenen Anlagen. Das bedeutet aber nicht, dass sie von ihrer technischen Einrichtung und Ausführung als Provisorium angesehen werden, sondern sie sind nach den üblichen charakteristischen Merkmalen zu planen und zu errichten.

6.1 Koordinierung mit dem Netzbetreiber

Der Anschluss für die Baustelle sollte zum frühestmöglichen Zeitpunkt beantragt werden. Dazu muss die Bauleitung oder der Elektroinstallateur (z. B. Fremdunternehmen) bzw. die Elektrofachkraft bei dem zuständigen Netzbetreiber einen Antrag stellen. In dem Antrag sind die gewünschten Anschlussleistungen (für Maschinen, Geräte, Krane, Geräte usw.) einzutragen. Dem Antrag ist ein Plan mit der Lage der Baustelle beizufügen. Bei Baustellen handelt es sich nicht selten um ein weitgehend freies Gelände, sodass für den Anschluss an das öffentliche Netz durch den Netzbetreiber bauliche Maßnahmen getroffen werden müssen. Daher sollte rechtzeitig der Antrag an den Netzbetreiber gestellt werden, damit der Baustellenbetrieb termingerecht beginnen kann.

Im **Bild 6.1** ist schematisch die Zusammenarbeit zwischen der Bauleitung (B), dem Elektroinstallationsunternehmen (I) und dem Netzbetreiber (NB) dargestellt. Das Schema soll einen Überblick über die organisatorische Vorgehensweise zur Erstellung eines Bauanschlusses vermitteln. Einzelne Details sind abhängig von der Größenordnung der Baustelle, von der zu benötigenden Anschlussleistung und der Spannungsebene, an der die Baustelle angeschlossen werden soll. Der Netzbetreiber legt den Netzanschlusspunkt und die Art der Schutzmaßnahme gegen gefährliche Körperströme (Art der Erdverbindung) in Abhängigkeit der jeweiligen regionalen Netzverhältnisse fest (Kapitel 7.5 und 8.1.2.1).

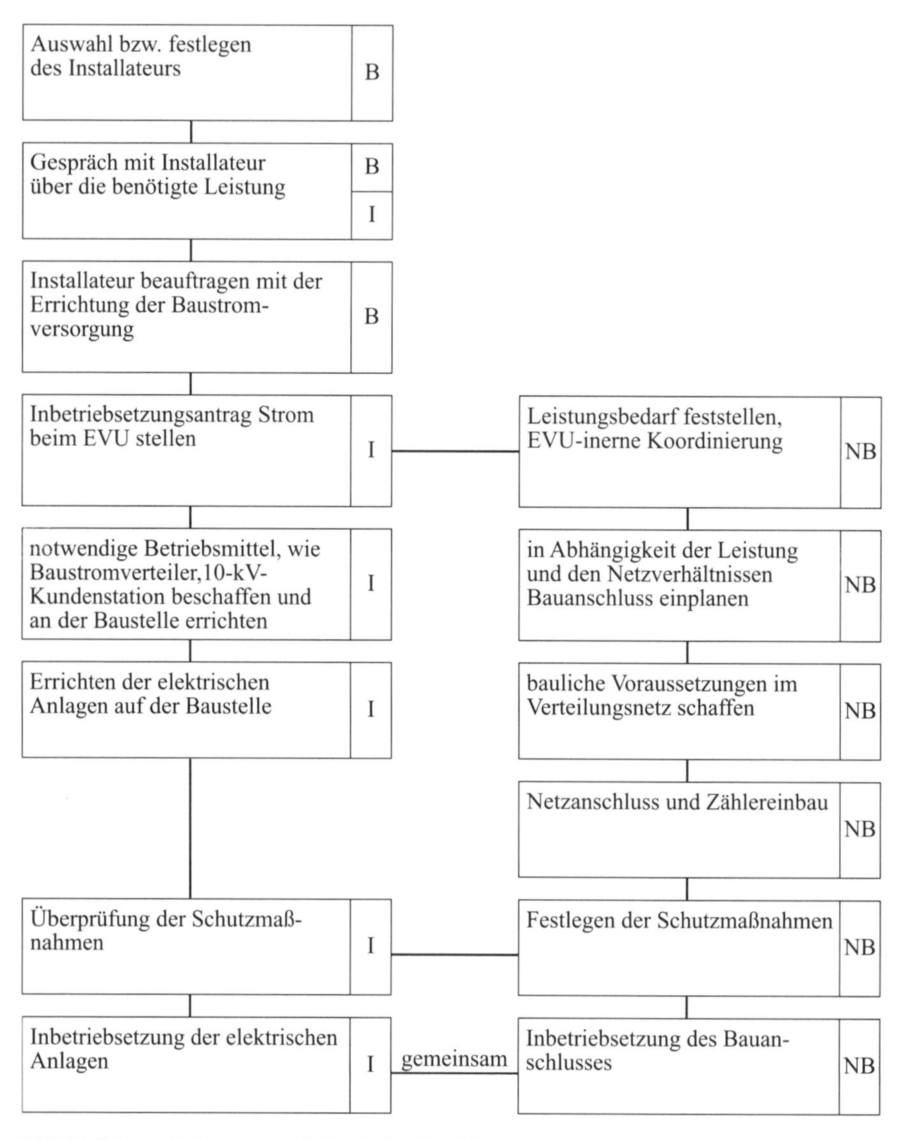

Bild 6.1 Schema der Zusammenarbeit zwischen Bauleitung (B), Elektroinstallateur (I) und Netzbetreiber (NB)

6.2 Netzanschluss

Unter Netzanschluss wird der Übergabepunkt des Verteilungsnetzes der öffentlichen Stromversorgung zur Baustelle verstanden. Die Stromübergabe kann z. B. in einer Netzstation, an einem Kabelverteilerschrank, in einer Kabelmuffe, in einem Hausanschlusskasten oder bei einer Freileitung direkt durch Abgriffklemmen an der Leitung erfolgen (**Bild 6.2** und **Bild 6.3**).

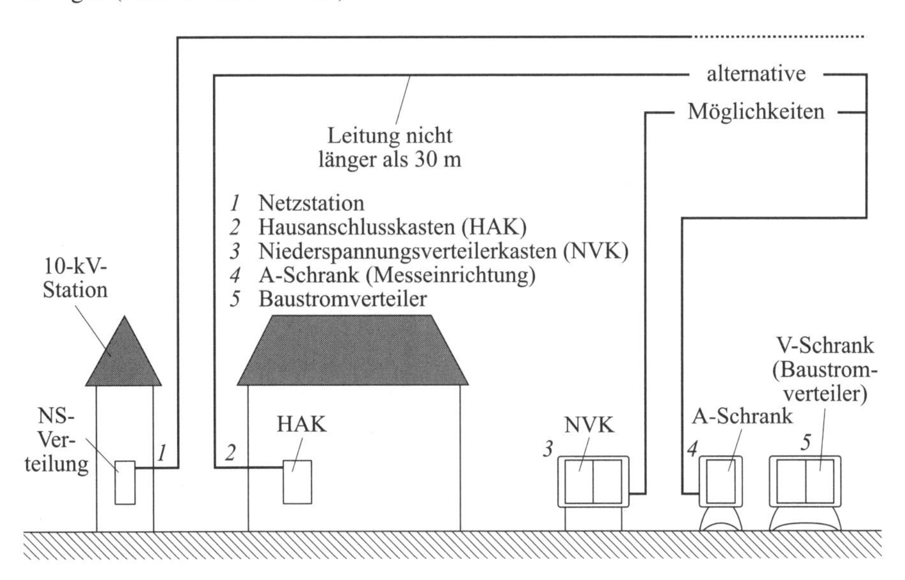

Bild 6.2 Schematische Darstellung von Beispielen für Netzanschlüsse

Bild 6.3 Anschluss eines Baustromverteilers an eine 10-kV-Station (Foto: *Rolf Rüdiger Cichowski*)

Von dem Netzanschluss wird über eine Leitung/ein Kabel ein Anschlussschrank mit einer geeigneten Messeinrichtung auf der Baustelle versorgt. Je nach Leistung und Bemessungsstrom ist eine direkte oder indirekte Messung vorzusehen. Diese kundeneigene Anschlussleitung vor der Messeinrichtung sollte so kurz wie möglich, darf jedoch nicht länger als 30 m sein und keine lösbaren Zwischenverbindungen enthalten. Der Querschnitt dieser Leitung muss bei einem Bemessungsstrom der Hauptsicherung von ≤ 63 A mindestens 16 mm² Cu, bei einem Bemessungsstrom der Hauptsicherung > 63 A mindestens 25 mm² Cu betragen.

Mindestquerschnitt der Anschlussleitung für die Baustellen:

Hauptsicherung	Mindestquerschnitt
≤ 63 A	16 mm²
> 63 A	25 mm²

Bei der Auswahl der Kabel und Leitungen muss grundsätzlich DIN VDE 0100-520: 2013-06 berücksichtigt werden (Kapitel 14). Für die Anschlussleitung hier der Hinweis, dass bei Verwendung einer flexiblen Leitung für den Anschluss der Baustelle mindestens der Typ H07RN-F oder gleichwertig bezüglich der Beständigkeit gegen Abrieb oder Wasser (DIN VDE 0100-704) eingesetzt werden muss.

In Energierichtung (vom Netz zur Baustelle gesehen) wird zunächst die Anschlussleitung zu einem Anschlussschrank (A-Schrank) geführt. Dieser A-Schrank enthält im Wesentlichen plombierbare Anschlusssicherungen, einen Platz für den Einbau der Messeinrichtungen/Zähler, Hauptsicherungen und Fehlerstromschutzeinrichtungen (RCDs). Danach wird über eine weitere Leitung ein sog. V-Schrank, also ein Verteilerschrank angeschlossen. Dieser Schrank ist meist der Baustromverteilerschrank, der dann Anschlussklemmen, Steckdosen, Fehlerstromschutzeinrichtungen (RCDs) und weitere Betriebsmittel enthält. Beide Funktionen (Anschluss/Messung und Verteilung) lassen sich auch in einem Schrank, dem sog. AV-Schrank, unterbringen (Kapitel 11). Alle genannten Schränke müssen die Anforderungen an Baustromverteiler nach DIN EN 61439-4 (**VDE 0660-600-4**):2013-09 erfüllen. (Anmerkung: Bis zur Veröffentlichung dieser Norm war die DIN EN 60439-4 (**VDE 0660-501**) gültig, die allerdings zurückgezogen wurde).

6.3 Niederspannung/Mittelspannung

Der Anschluss der Baustelle an das Niederspannungsnetz oder alternativ an das Mittelspannungsnetz ist in erster Linie abhängig von der Größenordnung der Baustelle und der erforderlichen elektrischen Leistung für die Maschinen und Geräte.

Weiterhin spielt die Kapazität des jeweiligen Verteilungsnetzes in der Region, in der die Baustelle errichtet werden soll, eine Rolle. Die größere Anzahl der Baustellen werden sicherlich aus den Niederspannungsnetzen versorgt. Für die Planung, Errichtung und Prüfung der Mittelspannungs-Übergabestation sind die entsprechenden DIN-VDE-Normen und die BDEW-Richtlinie „Technische Anschlussbedingungen für den Anschluss an das Mittelspannungsnetz – TAB Mittelspannung“ und die speziellen Richtlinien der örtlichen Netzbetreiber, z. B. „Bau und Betrieb von Übergabestationen zur Versorgung von Kunden aus dem Mittelspannungsnetz“ zu beachten.

Bild 6.4 Anschluss an eine 10-kV-Station
(Foto: *Rolf Rüdiger Cichowski*)

Vor der Inbetriebnahme eines Mittelspannungsanschlusses müssen folgende Voraussetzungen erfüllt sein:

- Anmeldung zum Anschluss an das Mittelspannungsnetz bei dem zuständigen Netzbetreiber,
- Anschlussnutzungsvertrag unterschrieben beim Netzbetreiber,
- Errichterbescheinigung,
- Erdungsprotokoll: separat zu messende Tiefenerde $< 2\ \Omega$,
- Schutzrelaiseinstellungen bestätigt.

Die der Übergabestation nachgeschalteten elektrischen Einrichtungen der Baustelle sind so zu planen, zu errichten und zu betreiben, dass störende Rückwirkungen, wie Spannungsänderungen, Oberschwingungen, Spannungsunsymmetrien, auf die Versorgung Dritter oder der Anlagen der öffentlichen Versorgung ausgeschlossen sind.

6.4 Freileitung/Kabel

Die elektrische Versorgung einer Baustelle kann an eine Freileitung oder an das Kabelnetz angeschlossen werden. Wird an eine Freileitung angeklemmt, so sind die Normen der Reihe DIN EN 50341 (**VDE 0210**) „Freileitungen über AC 45 kV für Mittelspannung“ und DIN VDE 0211 „Bau von Starkstrom-Freileitungen mit Nennspannungen bis 1 000 V“ zu berücksichtigen. Maste der Freileitungen müssen so beschaffen und aufgestellt sein, dass sie den durch den Baustellenbetrieb erhöhten mechanischen Beanspruchungen genügen, d. h., sie sind z. B. gegen das Anfahren durch Baufahrzeuge oder andere mechanische Beschädigungen zu schützen.

Bild 6.5 Freileitungsanschluss an eine 20-kV-Station
(Foto: *Pit Fischer*/www.trafoturm.eu)

Befinden sich Freileitungen auf dem Gelände einer Baustelle, so sind besondere Vorsichtsmaßnahmen zu ergreifen. Bauarbeiten im Bereich von Freileitungen sind so durchzuführen, dass der Bestand und die Betriebssicherheit der Anlagen während und nach der Ausführung von Bauarbeiten gewährleistet sind. Besonders ist auf die Einhaltung der notwendigen festgelegten Schutzabstände zu achten (**Tabelle 6.1**) beim Transport und der Lagerung von Baumaterialien und dem Einsatz von Baumaschinen, wie Baggern, Kränen, Baugerüsten, Leitern und Kipper-Lastwagen.

Netz-Nennspannung	Schutzabstand in Luft von unter Spannung stehenden Teilen ohne Schutz gegen direktes Berühren
bis 1 000 V	1 m
über 1 kV bis 110 kV	3 m
über 110 kV bis 220 kV	4 m
über 220 kV bis 380 kV	5 m

Tabelle 6.1 Schutzabstände bei Freileitungen bei Bauarbeiten

Damit die in der Tabelle 6.1 genannten Schutzabstände in keinem Fall unterschritten werden, sollten bei unumgänglicher Annäherung an den Schutzbereich Maßnahmen getroffen werden:

- fachkundige Aufsicht, die die Bewegungen der Baugeräte überwacht und die Verantwortung für die Sicherheit übernimmt,
- Aufstellen von Absperrungen,
- Aufstellen von Höhenbegrenzungen vor und hinter der Freileitung (Schutzgerüst),
- Begrenzung des Schwenkbereichs von Kränen.

Zur Legung der Anschlusskabel sollte eine Trasse zur Verfügung stehen, die eine Überdeckung der Kabel von mindestens 0,7 m ermöglicht. So fordert auch die BGI/GUV-I 608, dass an Stellen, an denen die Anschlussleitung mechanisch besonders beansprucht werden kann, sie geschützt zu verlegen durch:

- Verlegung im Erdreich,
- Verlegung in einer Kabelbrücke, einem Schutzrohr oder unter einer anderen tragfähigen Abdeckung,
- hochgelegte Verlegung.

Kabel unterhalb von Fahrbahnen sollten in Kabelschutzrohren geführt werden. Kabel dürfen nicht überbaut werden, damit sie im Störungsfall zugänglich bleiben. Kabelkanäle und Wanddurchbrüche sind mit schwer entflammbaren Stoffen so abzudichten, dass auslaufende Isolierflüssigkeit nicht nach außen und nicht ins Erdreich eindringen kann und andererseits Kleintiere nicht ins Innere gelangen können. Die für Kabeleinführungen erforderlichen Wanddurchlässe müssen mit Rücksicht auf die zulässigen Biegeradien der Kabel mit den Netzbetreibern abgestimmt werden, denn die Biegungen können sich sehr nachteilig auf das Kabel auswirken, da z. B. der äußere Bereich des Kabels gestreckt und der innere Bereich gestaucht werden könnte. Dadurch können Schäden an den Aufbauelementen der Kabel entstehen, die sich stark mindernd auf die Lebensdauer der Kabel auswirken und zu Störungen führen.

Fehlen ortsfeste Übergabepunkte zum öffentlichen Verteilungsnetz der Netzbetreiber, können Ersatzstromerzeuger zur netzunabhängigen Stromversorgung der Bau- und Montagestellen eingesetzt werden (Kapitel 12).

6.5 Netzarten, Netzsysteme, Art der Erdverbindung

Netze werden nach der Art der Erdverbindung, nach der Spannung (Gleich- oder Wechselspannung) und der Anzahl der aktiven Leiter unterschieden. Beschreibung eines Stromversorgungssystems:

- Anzahl der Außenleiter (zwei, drei oder vier Leiternetze),
- weitere Leiter, wie Schutzleiter, Neutralleiter, PEN-Leiter, Mittelleiter,

- Spannung und Stromart,
- Frequenz.

Für nach „Art der Erdverbindung“ sowie „Erdung der zu schützenden Körper“ ist auf internationaler Ebene eine einheitliche Kennzeichnung (durch die Angabe von bestimmten, festgelegten Buchstaben) erarbeitet worden. Alle im Niederspannungsbereich vorkommenden Netzarten können in diesem System eingeordnet werden. Die Art der Erdung (Schutzsystem) beschreibt:

- die Erdungsverhältnisse der Stromquelle,
- die Erdungsverhältnisse der Körper, der Betriebs- und Verbrauchsmittel,
- die Ausführung des Neutralleiters und des Schutzleiters in Anlagen, in denen der Schutzleiter mit dem Betriebserder des Netzes verbunden ist.

Aus der Kombination der Art der Erdung und der Schutzeinrichtungen entsteht die Kennzeichnung der Schutzmaßnahmen gegen gefährliche Körperströme sowie des Schutzes durch Abschaltung oder Meldung bzw. Schutz durch automatische Abschaltung der Stromversorgung oder Meldung.

Der erste Buchstabe: Erdungsverhältnisse der Stromquelle:

- T direkte Erdung eines Netzpunkts mit der Erde,
- I Isolierung aller aktiven Teile von Erde oder Verbindung eines Punkts mit Erde über eine hochohmige Impedanz (z. B. Isolationsüberwachungseinrichtung).

Der zweite Buchstabe: Erdungsverhältnisse der Körper der Betriebs- und Verbrauchsmittel zur Erde:

- T direkte Erdung, unabhängig von der möglicherweise bestehenden Erdung eines Punkts der Stromquelle (des Versorgungssystems),
- N Verbindung mit dem Betriebserder des Netzes; in Wechsel- und Drehstromnetzen ist das üblicherweise der geerdete Neutralpunkt (Sternpunkt).

Weitere Buchstaben geben Auskunft über die Anordnung des Neutralleiters und des Schutzleiters:

- S Neutralleiter und Schutzleiter sind getrennt (separat),
- C Neutralleiter und Schutzleiter sind in einem Leiter kombiniert.

Merke! Entsprechend ihrer Definition beschreiben die Kurzzeichen die Erdverbindung der Stromquelle (erster Buchstabe) und die Erdverbindung der Körper der Betriebs- und Verbrauchsmittel (zweiter Buchstabe).

Die in der Installationspraxis am häufigsten angewendeten TN- und TT-Systeme unterscheiden sich aufgrund derselben Erdverbindung der Stromquellen im Netz nicht, d. h., der erste Buchstabe weist in beiden Fällen auf die direkte Erdung der Stromquelle hin, somit unterscheiden sich diese Systeme lediglich in der Verbraucheranlage. Beim TN-System wird der Schutzleiter der Verbraucheranlage mit dem Betriebserder des Netzes verbunden. Dies geschieht üblicherweise durch den

Potentialausgleichsleiter zwischen der Potentialausgleichsschiene und dem PEN-Leiter des Netzes am Hausanschlusskasten oder am Eingang der Verbraucheranlage. Beim TT-System entfällt diese Verbindung. Der Schutzleiter der Verbraucheranlage wird direkt geerdet, ohne Verbindung zum Betriebserder des Netzes. Da es im Netz also keine Unterschiede zwischen dem TN- und dem TT-System gibt, ist es folglich auch nicht richtig, zumindest irreführend, vom TN-Netz oder TT-Netz zu sprechen oder die früher häufige Bezeichnung „Netzform" anstelle von „Art der Erdverbindung" zu verwenden. Nicht der Netzaufbau wird durch die Art der Erdung beschrieben, sondern das TN-, TT- und IT-System kennzeichnen die Schutzmaßnahmen durch Abschaltung oder Meldung bzw. den Schutz durch automatische Abschaltung der Stromversorgung oder Meldung (aktuelle Bezeichnung nach DIN VDE 0100-410). Zur genauen Bezeichnung der Schutzmaßnahmen sind die Schutzeinrichtungen noch zu ergänzen, z. B. TT-System mit Fehlerstromschutzeinrichtungen (RCD).

Als Netzsysteme sind nach dem Übergabepunkt auf Baustellen TN-C-, TN-S-, TT- und IT-Systeme zulässig.

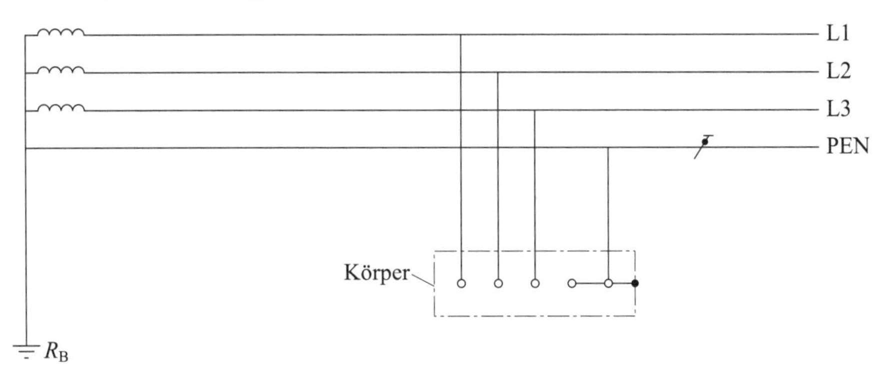

Bild 6.6 TN-C-System

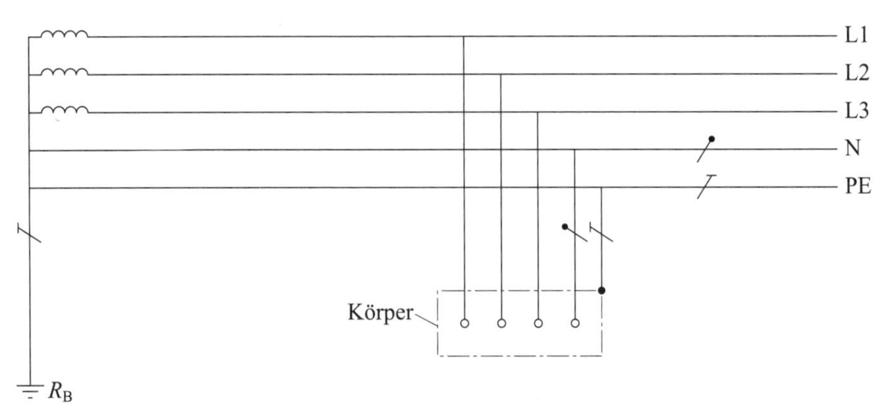

Bild 6.7 TN-S-System

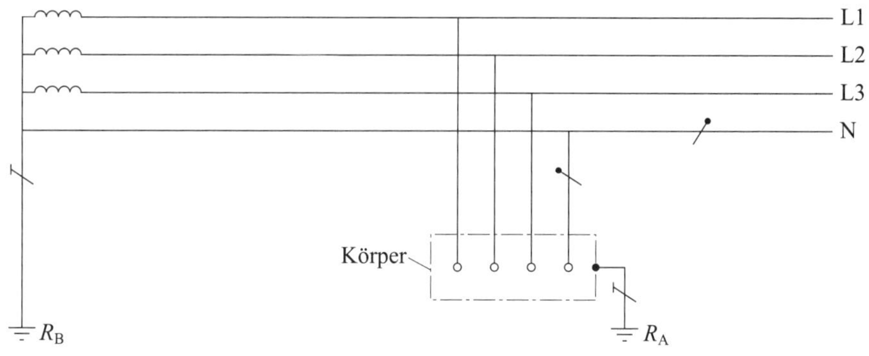

Bild 6.8 TT-System

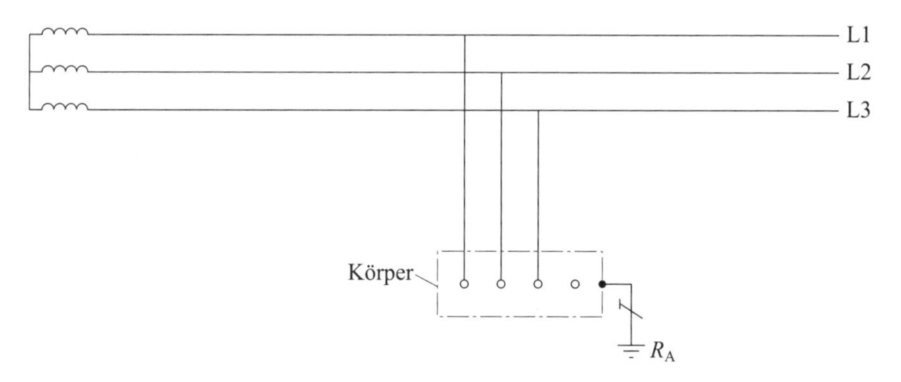

Bild 6.9 IT-System

Tabelle 6.2 zeigt die Anforderungen an die Netzsysteme auf Baustellen.

Netzsystem	Anforderungen
TN-System	Zur Gewährleistung einer sicheren Erdverbindung möglichst alle Baustromverteiler zusätzlich erden.
TN-C-System	Nur auf Baustellen zulässig, wenn • Leitungsquerschnitte von mind. 10 mm² Cu oder 16 mm² Al verwendet sind, • Leitungen während des Betriebs nicht bewegt, fest und mechanisch geschützt verlegt* sind.
TT-System	Zur Einhaltung der Abschaltbedingungen muss die Erdverbindung ausreichend niederohmig sein. Dies muss auch dauerhaft während des Betriebs gewährleistet sein, damit die Schutzmaßnahme sichergestellt ist. Dazu muss: • jeder Baustromverteiler separat geerdet werden, • bei der Verwendung von Erdspießen auf fachgerechte und zuverlässige Ausführung der Erdung, auch der Kontakte, geachtet werden.

Netzsystem	Anforderungen
IT-System	Darf nur mit Isolationsüberwachungseinrichtungen betrieben werden. Wird ein Fehler gemeldet, muss er unverzüglich beseitigt werden. Wird die Isolationsüberwachungseinrichtung nicht durch eine Fachkraft überwacht**, muss die elektrische Anlage beim Auftreten des ersten Fehlers abschalten. IT-Systeme sind auf Baustellen selten anzutreffen.

*) *geschützt verlegt bedeutet: Leitungen sind hochgehängt oder werden durch Abdeckungen oder eine Verlegung im Schutzrohr vor mechanischen Beschädigungen geschützt;*

**) *überwacht bedeutet: Die Wahrnehmung der Meldung muss sichergestellt sein und Maßnahmen zur Fehlerbeseitigung durch eine Fachkraft kann eingeleitet werden.*

Tabelle 6.2 Anforderungen an die Netzsysteme auf Baustellen

Weitere Details zu den Schutzmaßnahmen siehe Kapitel 8.

6.6 Anschluss an Steckdosen

Der direkte Anschluss von Verbrauchsmitteln für eine Baustelle, wie Elektrobohrmaschinen, einzeln betriebene Handwerksmaschinen oder ähnliche Geräte, an eine vorhandene Steckdose in einem an der Baustelle angrenzenden Gebäude ist ohne zusätzliche Schutzmaßnahmen *nicht* zulässig. Der Grund dafür ist, dass der Zustand der elektrischen Anlage in diesem Gebäude von dem Anwender, der das Elektrogerät auf der Baustelle nutzen möchte, gar nicht oder nur unzureichend beurteilen kann. Er kann oft nur schwer feststellen, ob eine vorgeschaltete Schutzeinrichtung vorhanden ist, und noch schwieriger ist eine Beurteilung der Funktionsfähigkeit dieser unter Umständen vorhandenen Schutzeinrichtung. Daher ist die Nutzung einer Steckdose von nebenstehenden, vorhandenen Gebäuden an der Baustelle für Verbrauchsmittel ohne zusätzliche Maßnahmen nicht erlaubt. Dieses Verbot gilt unabhängig von der Größe der Baustelle und vom Arbeitsumfang auf der Baustelle. Das bedeutet, dass auch der Anschluss eines einzelnen Verbrauchsmittels für den Betrieb auf Baustellen ohne zusätzliche Maßnahmen unzulässig ist.

Der Anschluss ist dann zulässig, wenn eine der folgenden Maßnahmen angewendet wird:

- Bei Steckdosen mit unbekannter Schutzmaßnahme: eine zwischengeschaltete, ortsveränderliche Fehlerstromschutzeinrichtung (RCD); Kapitel 9 oder über einen zwischengeschalteten Trenntransformator.
- Bei geprüfter Steckdose ohne vorgeschaltete Fehlerstromschutzeinrichtung (RCD): Die an die Steckdose angeschlossenen Verbrauchsmittel werden über eine zusätzliche, der Steckdose nachgeschaltete Fehlerstromschutzeinrichtung (RCD) versorgt; als weitere Voraussetzungen für diese Maßnahme gelten, dass die Steckdose frei von Installationsfehlern sein muss, die Schutzmaßnahme be-

kannt ist und deren Wirksamkeit durch entsprechende Prüfung von einer Elektrofachkraft nachgewiesen worden ist.

- Bei geprüfter Steckdose mit Fehlerstromschutzeinrichtung (RCD): Die Steckdose ist über eine geeignete Fehlerstromschutzeinrichtung (RCD) geschützt, und diese erfüllt die an die Baustromverteiler gestellten Anforderungen. Auch hier gilt, dass die Steckdose frei von Installationsfehlern sein und die Wirksamkeit der Schutzmaßnahme von einer Elektrofachkraft geprüft werden muss.
- Schutz durch Schutzverteiler: besteht aus einer ortsveränderlichen Fehlerstromschutzeinrichtung (RCD; hier SPE-PRCD) in Kombination mit mehreren Steckdosen in einem Gehäuse (Kapitel 9).

Die zwischengeschalteten, ortsveränderlichen Fehlerstromschutzeinrichtungen (RCDs) und die Schutzverteiler können auf Baustellen eingesetzt und verwendet werden. Sie sind auch für elektrotechnische Laien leicht zu handhaben, weil sie keinen separaten Erdungsanschluss wie bei Baustromverteilern benötigen.

Einspeisung auf der Baustelle nach DIN VDE 0100-704
Eine einzelne Baustelle darf aus mehreren Einspeisungen einschließlich aus Niederspannungs-Stromerzeugungsanlagen (Kapitel 12) versorgt werden.

Empfehlungen kurzgefasst: Anschlüsse der Baustellen

- TAB regelt den Anschluss der Baustelle an das öffentliche Niederspannungsnetz,
- frühzeitige Abstimmung über die zu errichtenden elektrischen Anlagen auf der Baustelle mit dem Netzbetreiber,
- kundeneigene Anschlussleitung vor der Messeinrichtung nicht länger als 30 m ohne lösbare Zwischenverbindungen (Mindestquerschnitte: 16 mm^2 Cu bei bis zu 63 A und 25 mm^2 bei größer 63 A Bemessungsstrom),
- Leitungstyp: H07RN-F oder gleichwertig,
- Anschluss an Niederspannung oder Mittelspannung, abhängig von der zu installierenden Leistung auf der Baustelle und der Kapazität des öffentlichen Netzes am Ort der Baustelle,
- beim Anschluss an Freileitungen: Schutzabstände bei Bauarbeiten beachten,
- beim Anschluss an Kabel: Anschlusskabel, Überdeckung von mindestens 0,7 m und geschützt verlegen,
- Netzsysteme auf Baustellen: TN-C-, TN-S-, TT- und IT-Systeme zulässig,
- Anschlüsse an Steckdosen von vorhandenen Gebäudeinstallationen sind nicht zulässig; Ausnahme: eine zwischengeschaltete, ortsveränderliche Fehlerstromschutzeinrichtung (RCD).

7 Schutzmaßnahmen

Personen und Sachen müssen auf Baustellen vor schädigenden Einwirkungen durch elektrischen Strom geschützt werden, dazu sind Maßnahmen erforderlich, die den Fehlern, Mängeln und Schädigungen entgegenwirken können oder die die negativen Einflüsse erst gar nicht eintreten lassen.

Um dem Anwender auf Baustellen einen Überblick über die Schutzmaßnahmen zu geben, die eine wichtige Funktion bei der Errichtung und dem Betrieb elektrischer Anlagen und Betriebsmittel erfüllen, werden weitestgehend alle Schutzmaßnahmen nachfolgend angesprochen, klar gegliedert und für Baustellen relevante Punkte gesondert erläutert.

Merke! Schutz ist die Verringerung des Risikos durch geeignete Vorkehrungen, die entweder die Eintrittshäufigkeit oder den Umfang des Schadens oder beides verringern.

7.1 Schutz gegen elektrischen Schlag

Als Schutz gegen elektrischen Schlag werden alle Mittel und Maßnahmen bezeichnet, die verhindern, dass ein gefährlicher Strom den Körper eines Menschen (Kapitel 2.1 und 2.2) oder Tiers durchfließt. Er wird dann als gefährlich angesehen, wenn dabei ein schädigender Effekt (elektrischer Schlag) auftritt. Bei ordnungsgemäßer Herstellung, Errichtung und bei bestimmungsgemäßer Verwendung dürfen elektrotechnische Erzeugnisse keine Gefahren für Personen auf Baustellen verursachen.

DIN EN 61140 (**VDE 0140-1**) „Schutz gegen elektrischen Schlag – Gemeinsame Anforderungen für Anlagen und Betriebsmittel" ist eine Sicherheitsgrundnorm für den Schutz von Personen und Nutztieren. Sie legt grundsätzliche Prinzipien fest für die Anforderungen für elektrische Anlagen und für Betriebsmittel. Die Grundregel ist es, dass gefährliche aktive Teile nicht berührbar sein dürfen und dass berührbare leitfähige Teile weder unter normalen Bedingungen noch unter Einzelfehlerbedingungen zu gefährlichen aktiven Teilen werden dürfen. Alternativ kann der Schutz gegen elektrischen Schlag durch eine verstärkte Schutzvorkehrung vorgesehen werden.

Das Konzept der Schutzmaßnahmen gegen elektrischen Schlag beruht auf dem Prinzip der zweifachen Sicherheit und ist bei besonderer Gefährdung, wie es auf Baustellen der Fall sein kann, durch eine dritte Schutzebene zu ergänzen.

Zu unterscheiden ist der:

- Schutz gegen direktes Berühren (Basisschutz),

- Schutz bei indirektem Berühren (Fehlerschutz),
- Schutz bei direktem Berühren (zusätzlicher Schutz).

Im **Bild 7.1** wird der Schutz gegen elektrischen Schlag in verschiedenen Ebenen dargestellt.

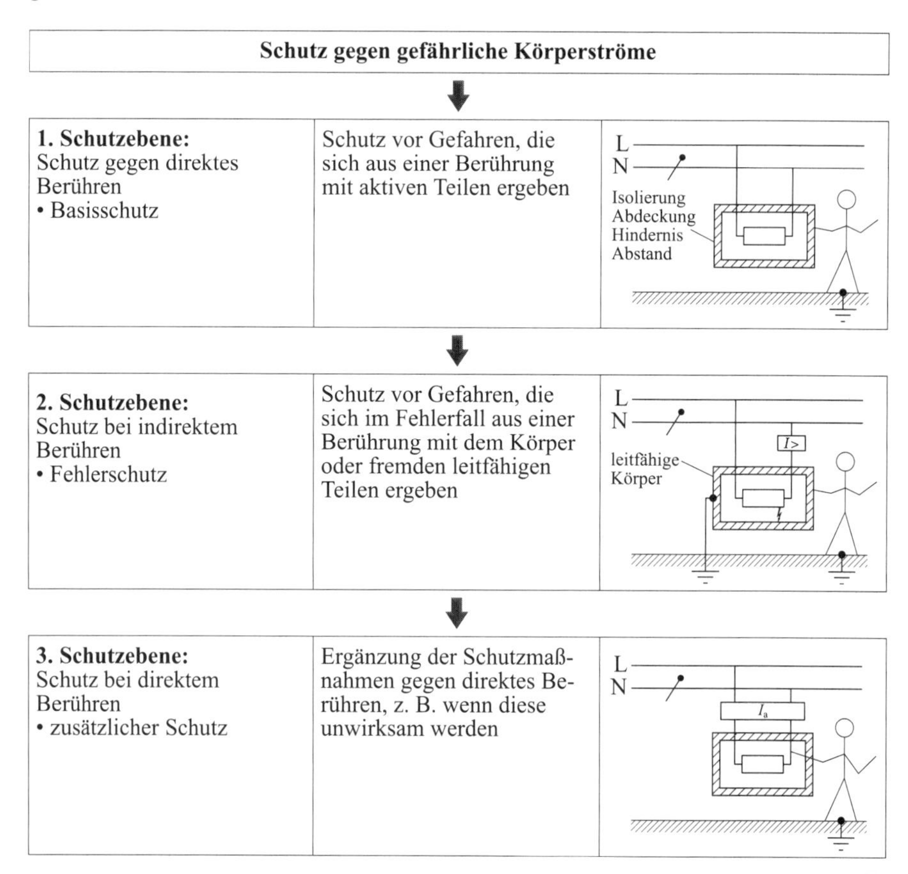

Bild 7.1 Definitionen des Schutzes gegen elektrischen Schlag in drei Schutzebenen

Merke! Wichtig ist, dass nach DIN VDE 0100-410 eine Schutzmaßnahme bestehen muss aus:

- einer geeigneten Kombination aus zwei unabhängigen Schutzvorkehrungen, einer Basisschutzvorkehrung und einer Fehlerschutzvorkehrung oder
- einer verstärkten Schutzvorkehrung (z. B. verstärkte Isolierung), die den Basisschutz und den Fehlerschutz bewirkt.
- Sind äußere Einflüsse, wie dies auf Baustellen in der Regel der Fall ist, vorhanden, muss ein zusätzlicher Schutz vorgesehen werden (Kapitel 8.1.2.6).

7.1.1 Schutz gegen direktes Berühren – Basisschutz

Als Schutz gegen direktes Berühren, der auch als Basisschutz bezeichnet wird, gelten alle Maßnahmen zum Schutz von Personen und Nutztieren vor Gefahren, die sich aus einer Berührung mit aktiven Teilen, also mit den während des Betriebs dauernd unter Spannung stehenden Teilen, elektrischer Betriebsmittel ergeben. Dabei handelt es sich um einen vollständigen Schutz, wenn absichtliches oder unabsichtliches Berühren spannungsführender Teile ausgeschlossen ist. Ein teilweiser Schutz ist lediglich ein Schutz gegen unabsichtliches und damit zufälliges Berühren aktiver Teile. Er ist nur da zulässig, wo elektrotechnische Laien keinen Zugang haben, z. B. in abgeschlossenen elektrischen Betriebsstätten.

Merke! Basisschutz: Schutz vor Gefahren, die sich aus einer Berührung mit aktiven Teilen ergeben. Der Mensch wird durch Maßnahmen/Vorkehrungen davor geschützt, aktive Teile direkt berühren zu können.

7.1.1.1 Schutz durch Isolierung

Der gebräuchlichste Schutz gegen direktes Berühren ist die Isolierung. Aktive Teile werden vollständig mit einer Isolierung umgeben, die nur durch Zerstörung entfernt werden kann und die den thermischen und mechanischen Beanspruchungen auf der Baustelle dauerhaft standhält. Wenn zu erwarten ist, dass diese Isolierung den mechanischen Beanspruchungen nicht standhalten kann, müssen weitere Maßnahmen ergriffen werden. Lackisolierungen und andere Farbanstriche sind als elektrotechnische Isolierung nicht geeignet.

7.1.1.2 Schutz durch Abdeckung oder Umhüllung

Ein vollständiger Schutz kann auch durch Abdeckungen oder Umhüllungen erreicht werden. Die aktiven Teile müssen hinter Abdeckungen angeordnet oder von Umhüllungen umgeben sein. Die Abdeckungen müssen der Schutzart IP2X (fingersicher) und bei horizontalen Flächen IP4X (drahtsicher) entsprechen und den Umgebungsbedingungen angepasst ausreichende Festigkeit aufweisen. Abdeckungen und Umhüllungen dürfen nur mit Werkzeug oder einem Schlüssel entfernt werden können. Außerdem darf dies nur möglich sein:

- nach Ausschalten der Spannung an allen aktiven Teilen,
- bei vorhandener Zwischenabdeckung, mindestens der Schutzart IP2X,
- mit einen Warnhinweis, wenn hinter der Abdeckung oder Umhüllung nach dem Abschalten an den Betriebsmitteln gefährliche elektrische Ladungen verbleiben, sofern die Spannung statischer Ladungen nicht innerhalb von 5 s auf DC 120 V nach dem Abschalten absinkt.

Befindet sich hinter der Abdeckung ein Betätigungselement in der Nähe berührungsgefährlicher Teile, so ist DIN EN 61140 (**VDE 0140-1**) zu beachten. Die Abdeckungen müssen hinreichend fest und zuverlässig angebracht, die Abschrankungen müssen geeignet sein. Der Schutz ist nach Art, Umfang und Dauer der Arbeiten sowie nach der Qualifikation der Arbeitskräfte auszuführen.

Schutz durch Basisschutz unter besonderen Bedingungen: Hindernisse und Anordnungen außerhalb des Handbereichs. Hindernis ist ein Teil, das ein unbeabsichtigtes direktes Berühren verhindert, nicht aber eine beabsichtigte Handlung.

Anforderungen an Hindernisse (Abschrankungen):

- Sie bieten einen teilweisen Schutz gegen direktes Berühren, müssen aber nicht das absichtliche Berühren durch bewusstes Umgehen des Hindernisses ausschließen.
- Sie müssen verhindern: zufällige Annäherung an aktive Teile und das zufällige Berühren aktiver Teile bei bestimmungsgemäßem Gebrauch von Betriebsmitteln.
- Sie dürfen ohne Werkzeug oder Schlüssel abnehmbar sein, jedoch muss die Befestigung ein unbeabsichtigtes Entfernen verhindern.

Wenn hinter den Abdeckungen oder Umhüllungen Betriebsmittel so angeordnet sind, dass sich Betätigungselemente in der Nähe berührungsgefährlicher Teile befinden, ist DIN EN 50274 (**VDE 0660-514**) zu beachten. Dabei handelt es sich um eine Norm, die dem Errichter elektrischer Anlagen Hinweise gibt, Betätigungselemente, wie Drucktaster, Schalter, Signalleuchten, Sicherungen, in der Nähe berührungsgefährlicher Teile sicher anzuordnen. Vorausgesetzt wird dabei, dass die Betätigungselemente nur Elektrofachkräften oder elektrotechnisch unterwiesenen Personen zugänglich sind.

Als Hindernisse gelten Schutzleisten, Gitter, Teilabdeckungen und ähnliche Bauteile. Sie bieten nur einen teilweisen Schutz und dürfen nur dort verwendet werden, wo elektrotechnische Laien normalerweise keinen Zugang haben. Hindernisse müssen die zufällige Annäherung an spannungsführende Teile verhindern. Sie müssen ausreichend fest sein, sodass ein unbeabsichtigtes Entfernen ausgeschlossen werden kann.

Als Vorkehrungen für den Basisschutz unter besonderen Bedingungen gilt auch die entsprechende Anordnung außerhalb des Handbereichs. In diesem Bereich dürfen sich keine gleichzeitig berührbaren Teile unterschiedlichen Potentials befinden (als gleichzeitig berührbar gilt ein Abstand von weniger als 2,5 m).

Der Schutzabstand ist definiert als die kürzeste Entfernung zu unter Spannung stehenden Teilen ohne Schutz gegen direktes Berühren, die beim Arbeiten nicht unterschritten werden darf. Dabei sind unmittelbar Personen oder von Personen gehandhabte Werkzeuge, Geräte, Hilfsmittel und Materialien zu berücksichtigen.

Die Gefahrenzone ist im Allgemeinen der durch bestimmte Maße begrenzte Bereich um unter Spannung stehende Teile herum, gegen deren direktes Berühren kein vollständiger Schutz besteht. In DIN VDE 0105-100 sind in Abhängigkeit der Nennspannungen unterschiedliche Maße der Begrenzung angegeben.

Für Nennspannungen bis 1 000 V ist die Oberfläche des unter Spannung stehenden Teils gleichzeitig die Grenze der Gefahrenzone.

Nr.	Unterscheidung nach	Schutzabstände bei Arbeiten in der Nähe unter Spannung stehender Teile
1	Gefahrenzone	Die Oberfläche des unter Spannung stehenden Teils gilt als Grenze der Gefahrenzone. Das Berühren des Teils ist Gefahr bringend.
2	Arbeiten in der Nähe von Freileitungen bzw. Arbeiten unter Aufsicht von Elektrofachkräften	0,5 m
3	Bauarbeiten und sonstige nicht elektrotechnische Arbeiten	1 m

Tabelle 7.1 Schutzabstände bei Nennspannung bis 1 000 V

7.1.1.3 Schutz durch Abstand

Beim Schutz durch Abstand können aktive Teile aufgrund der Entfernung nicht berührt werden. Als Beispiel sind zu nennen die Freileitung, die Fahrleitung oder die Kranschleifleitung. Durch Abstand wird ein teilweiser Schutz gegen direktes Berühren aktiver Teile sichergestellt. Der Schutz durch Abstand (früherer Begriff) ist in DIN VDE 0100-410:2007-06 ersetzt als „Basisschutz (Schutz gegen direktes Berühren) durch Schutz durch Hindernisse“ und „Schutz durch Anordnung außerhalb des Handbereichs“ (siehe Kapitel 8.1.1.2). Diese Schutzmaßnahmen dürfen jedoch nach DIN VDE 0100-410 nur unter besonderen Bedingungen, und zwar nur in elektrischen Betriebsstätten und in Anlagen angewendet werden, zu denen nur Elektrofachkräfte oder elektrotechnisch unterwiesene Personen bzw. Personen, die von Fachkräften beaufsichtigt werden, Zugang haben. Auf Baustellen: kaum anwendbar.

7.1.2 Schutz bei indirektem Berühren – Fehlerschutz

Der Schutz bei indirektem Berühren ist der Schutz von Personen und Nutztieren vor Gefahren, die sich im Fehlerfall aus einer Berührung mit Körpern der Betriebsmittel oder fremden leitfähigen Teilen ergeben können.

Alterungserscheinungen oder mechanische und thermische Beanspruchungen, wie sie auf Baustellen häufig möglich sind, können zum Versagen des Basisschutzes führen und verursachen Isolationsfehler, die die Körper elektrischer Betriebsmittel, also die leitfähigen Gehäuseteile oder andere fremde leitfähige Teile, unter Spannung setzen können.

Vor den dadurch entstehenden Gefahren zu schützen, ist Aufgabe der Schutzmaßnahmen bei indirektem Berühren. Da sie im Fehlerfall wirksam werden müssen, wird der Schutz bei indirektem Berühren auch als Fehlerschutz oder nach dem Basisschutz als zweite Schutzebene bezeichnet.

Die Schutzmaßnahmen bei indirektem Berühren, Fehlerschutz, lassen sich einteilen in

- Schutzmaßnahmen mit Schutzleiter (netzabhängig),
- Schutzmaßnahmen ohne Schutzleiter (netzunabhängig).

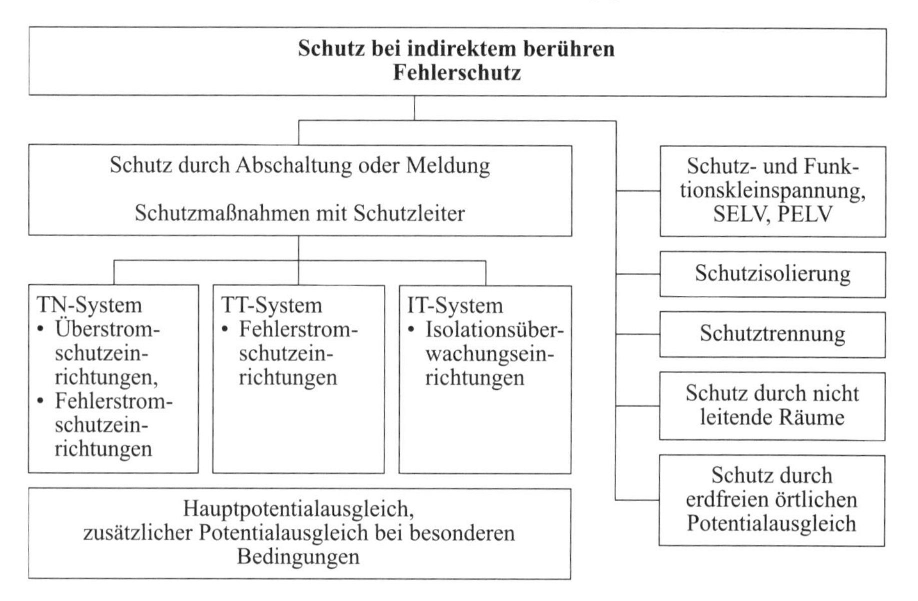

Bild 7.2 Schutz bei indirektem Berühren

Als Schutz bei indirektem Berühren sind in allen elektrischen Anlagen Maßnahmen vorzusehen, die nach dem Auftreten von Fehlern gefährliche Berührungsspannungen *verhindern* oder sie in vorgegebenen Zeiten *abschalten*.

Maßnahmen, die gefährliche Berührungsspannungen *verhindern*:

- Schutzkleinspannung (SELV/PELV),
- Funktionskleinspannung (FELV),
- Schutzisolierung,
- Schutztrennung,
- Schutz durch nicht leitende Räume,
- Schutz durch erdfreien örtlichen Potentialausgleich.

Der Schutz durch nicht leitende Räume bzw. durch erdfreien örtlichen Potentialausgleich (in der Regel nicht für Baustellen geeignet) sollte nur in Sonderfällen gewählt werden, wenn z. B. die Schutzmaßnahmen durch Abschaltung oder Meldung nicht angewendet werden können oder nicht zweckmäßig sind.

7.1.2.1 Schutz durch Abschaltung oder Meldung

Die am häufigsten angewendete Schutzmaßnahme in elektrischen Anlagen (netzabhängig, mit Schutzleitern) ist der Schutz durch automatische Abschaltung der Stromversorgung.

Maßnahmen, die gefährliche Berührungsspannungen in vorgegebenen Zeiten abschalten: Eine solche Maßnahme erfordert eine Koordination der Netzsysteme „Art der Erdung“ (Kapitel 7.5) mit den Schutzeinrichtungen, die den fehlerbehafteten Stromkreis abschalten. Charakteristisch für diese Schutzmaßnahme ist, dass in der Installationsanlage immer ein Schutzleiter mitgeführt werden muss, an den die Körper aller Betriebs- und Verbrauchsmittel anzuschließen sind und in allen Fällen ein Potentialausgleich herzustellen ist.

Im Allgemeinen werden deshalb in diesen elektrischen Anlagen Schutzmaßnahmen durch automatische Abschaltung der Stromversorgung vorgesehen.

Der Schutz durch automatische Abschaltung der Stromversorgung gewährleistet nach dem Auftreten von Fehlern, dass gefährliche Berührungsspannungen rechtzeitig abgeschaltet und dadurch Gefahren vermieden werden.

Um dieses Ziel zu erreichen, sind bei allen Schutzleiter-Schutzmaßnahmen nachstehende Bedingungen zu erfüllen:

- Die Körper der Betriebs- und Verbrauchsmittel sind an einen Schutzleiter anzuschließen.
- Die dauernd zulässige Berührungsspannung beträgt bei Wechselspannung $U_L = 50$ V und bei Gleichspannung $U_L = 120$ V. Werden diese Werte im Fehlerfall überschritten, muss die Schutzeinrichtung den zu schützenden Teil der Anlage rechtzeitig ausschalten.

- Die Ausschaltzeit/bschaltzeit darf 0,1 s; 0,2 s; 0,4 s bzw. 5 s nicht überschreiten; die Zeit ist abhängig von der Höhe der Spannung U_0 (Nennspannung gegen Erde), der Art der Stromkreise (Endstromkreis oder Verteilerstromkreis).
- Die Schutzmaßnahmen werden bestimmt durch die Art der Erdverbindung (Kapitel 7.5) und durch eine Koordination der Art der Erdverbindung und der Eigenschaften von Schutzleiter und Schutzeinrichtung.
- In jedem Gebäude ist die Verbindung mit dem Hausanschluss oder mit vergleichbaren Versorgungseinrichtungen herzustellen: ein Schutzpotentialausgleich.

Merke! Schutzmaßnahme: Automatische Abschaltung der Stromversorgung erfordert eine Koordination der Netzsysteme „Art der Erdverbindung" mit den Schutzeinrichtungen.

Als Netzsysteme sind nach dem Übergabepunkt auf Baustellen TN-C-, TN-S-, TT- und IT-Systeme zulässig (Kapitel 7). In Kombination mit den Schutzeinrichtungen sind folgende Abschaltzeiten bei den Netzsystemen einzuhalten:

- TN-System: Endstromkreise mit max. 32 A: **0,2 s** bei 230 V $< U_0 \geq$ AC 400 V; bei Verteilerstromkreisen und Endstromkreisen > 32 A: max. **5 s**.

  Auf der Baustelle: Im TN-System sollten zur Gewährleistung einer sicheren Erdverbindung und einer sicheren Abschaltung möglichst alle Baustromverteiler zusätzlich geerdet werden.
- TT-System: Endstromkreise mit max. 32 A: **0,07 s** bei 230 V $< U_0 \geq$ AC 400 V; bei Verteilerstromkreisen und Endstromkreisen > 32 A: max. **1 s**.

  Auf der Baustelle: Im TT-System muss zur Erhaltung der o. g. Abschaltbedingungen die Erdverbindung ausreichend niederohmig sein. Daher ist jeder Baustromverteiler separat zu erden. Damit die Sicherheitsmaßnahme dauerhaft sichergestellt wird, muss bei der Verwendung von Erdspießen durch Elektrofachkräfte auf eine fachgerechte und zuverlässige Ausführung der Erdung geachtet werden.
- IT-System: Der Vorteil des IT-Systems ist es, dass im Fehlerfall (Körperschluss oder Erdschluss) die Versorgung zunächst noch weiterbetrieben werden kann. Daher ist das IT-System besonders dort einzusetzen, wo eine hohe Zuverlässigkeit an die Stromversorgung gestellt ist. Eine automatische Abschaltung erfolgt erst, wenn während des Betriebs mit dem ersten Fehler ein zweiter Fehler eintritt. Daher ist es empfehlenswert, den ersten Fehler möglichst bald nach seinem Auftreten und nach der Meldung zu beseitigen. Die automatische Abschaltung der Stromversorgung beim zweiten Fehler muss entweder durch Überstromschutzeinrichtungen oder durch Fehlerstromschutzeinrichtungen (RCD) erfolgen. Wenn dann abgeschaltet wird, sind auch im IT-System entsprechende Abschaltzeiten einzuhalten, und zwar entweder die o. g. Abschaltzeiten des TN-Systems oder des TT-Systems. Es gelten die o. g. Abschaltzeiten des TN-Systems: wenn die Körper über einen Schutzleiter verbunden und gemeinsam geerdet sind (Ausnahme: der Sternpunkt des Transformators muss betriebsmäßig nicht geerdet

sein). Es gelten die o. g. Abschaltzeiten des TT-Systems: wenn die Körper einzeln oder in Gruppen geerdet sind (Ausnahme: der Sternpunkt des Transformators muss betriebsmäßig nicht geerdet sein).

Auf der Baustelle: Im IT-System muss der gemeldete Isolationsfehler unverzüglich beseitigt werden. Wenn die Isolationsüberwachungseinrichtung nicht durch eine Elektrofachkraft überwacht werden kann, sodass der Fehler unverzüglich beseitigt wird, muss die elektrische Anlage bereits beim Auftreten des ersten Fehlers abschalten. Auf der Baustelle sind IT-Systeme eher selten anzutreffen.

7.1.2.2 Schutzerdung und Schutzpotentialausgleich

Die Schutzerdung ist nach DIN VDE 0100-200 die Erdung eines Punkts oder mehrerer Punkte eines Netzes oder einer Anlage oder eines Betriebsmittels zum Zwecke der elektrischen Sicherheit. Körper müssen mit einem Schutzleiter verbunden werden unter den Bedingungen für das jeweilige System nach Art der Erdverbindung (siehe oben).

Schutzpotentialausgleich: Der Ausgleich ist das Beseitigen von Potentialunterschieden zwischen Körpern von elektrischen Anlagen und Betriebsmitteln sowie fremden leitfähigen Teilen und zwischen den Rohrleitungen sowie Gebäudeteilen untereinander. Im Zusammenhang mit dem Schutz gegen elektrischen Schlag, also zum Sicherheitszweck, wird der Potentialausgleich Schutzpotentialausgleich genannt und Funktionspotentialausgleich, wenn er betrieblichen Zwecken dient.

7.1.2.3 Schutzmaßnahme doppelte oder verstärkte Isolierung

Durch eine zusätzliche Isolierung zur Basisisolierung oder durch eine verstärkte Isolierung (frühere Benennung: Schutzisolierung) wird das Auftreten gefährlicher Spannungen an den berührbaren Teilen elektrischer Betriebsmittel infolge eines Fehlers in der einfachen Basisisolierung verhindert.

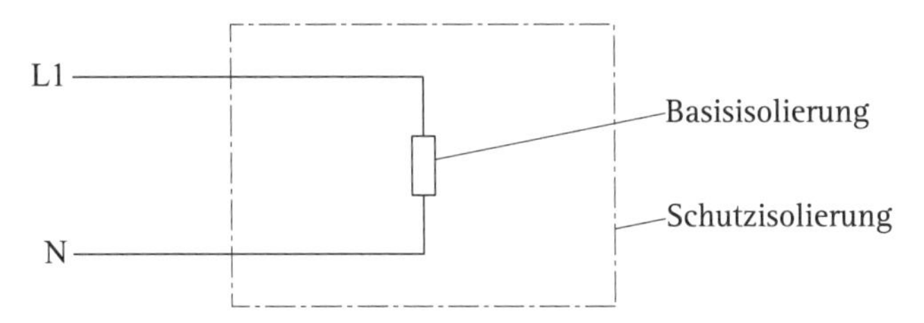

Bild 7.3 Prinzip der Schutzisolierung

Die doppelte oder verstärkte Isolierung wird unmittelbar und ausschließlich durch die Ausführung der Betriebsmittel sichergestellt. Die Betriebsmittel werden eingesetzt als Werkzeuge, Leuchten usw., aber auch als Installationsmaterial in Form von

Leitungen, Schaltern, Verteilungen, Zählertafeln usw. Verwirklicht wird die Schutzmaßnahme durch die Verwendung von Betriebsmitteln der Schutzklasse II, die das Symbol der Schutzisolierung ▣ tragen. Kabel und Leitungen gelten als schutzisoliert, wenn sie in ihren Normen so bezeichnet sind, auch wenn für sie das Symbol ▣ nicht verwendet wird:

- durch den Einsatz von Betriebsmitteln, die neben ihrer Basisisolierung eine zusätzliche Isolierung haben, die dasselbe Maß an Sicherheit gewährleistet wie schutzisolierte Geräte und wie sie dieselben Anforderungen erfüllen;
- durch Betriebsmittel mit einer verstärkten Isolierung an Stellen, wo zunächst keine Isolierung vorgesehen war, wenn ein Maß an Sicherheit erreicht wird, das den schutzisolierten Betriebsmitteln gleichwertig ist und wie sie dieselben Anforderungen erfüllen.

Weitere Anforderungen an die Schutzmaßnahme doppelte oder verstärkte Isolierung:

- Körper der Betriebsmittel, die von ihren aktiven Teilen nur durch die Basisisolierung getrennt sind, müssen von einer isolierenden Umhüllung mindestens in der Schutzart IP2X umschlossen sein.
- Die Isolierstoffumhüllungen müssen den auftretenden mechanischen, elektrischen und thermischen Beanspruchungen standhalten.
- Prüfung der Isolierstoffumhüllung 1 min mit 4000 V bei Betriebsmitteln mit Nennspannung bis 500 V.
- Durch die Isolierstoffumhüllung dürfen keine leitfähigen Teile geführt werden, die eine Spannung nach außen verschleppen können.
- Isolierstoffumhüllungen dürfen nur mit Werkzeug entfernbar sein. Dahinterliegende Betätigungselemente in der Nähe berührungsgefährlicher Teile sind nach DIN EN 50274 (**VDE 0660-514**) anzuordnen.
- Beim Entfernen der Umhüllungen ohne Werkzeug müssen die dahinterliegenden leitfähigen Teile durch eine zweite, ausreichend feste, isolierende Verkleidung abgedeckt werden.
- Leitfähige Teile innerhalb der Umhüllung dürfen nicht an den Schutzleiter angeschlossen werden. Abweichungen sind nur zulässig, wenn sie in den jeweiligen Gerätebestimmungen festgelegt sind.
- Bei Verwendung von Betriebsmitteln der Schutzklasse II (Betriebsmittel mit doppelter oder verstärkter Isolierung) muss der Schutzleiter mitgeführt werden.

Merke! Der Schutz durch doppelte oder verstärkte Isolierung besteht darin, dass der Basisisolierung zum Schutz gegen direktes Berühren zusätzlich eine weitere Isolierung hinzugefügt wird oder die Basisisolierung so verstärkt wird, dass eine gleichwertige Schutzwirkung gegeben ist, wie bei einer doppelten Isolierung.

7.1.2.4 Schutz durch Kleinspannung SELV und PELV

Mit dieser Schutzmaßnahme werden der Schutz gegen direktes Berühren und auch der Schutz bei indirektem Berühren gewährleistet. Die Schutzwirkung von SELV (**S**afety **E**xtra **L**ow **V**oltage: Stromkreis und Körper sind ungeerdet) und PELV (**Pro**tection **E**xtra **L**ow **V**oltage: Stromkreis und Körper dürfen geerdet werden) beruht auf der geringen Nennspannung der Stromkreise bis max. 50 V Wechselspannung oder 120 V Gleichspannung (oberschwingungsfrei) und auf sicherer Trennung der Stromkreise von anderen Versorgungssystemen.

Merke! Die Schutzmaßnahmen SELV (früher: Schutzkleinspannung) und PELV (früher: Funktionskleinspannung mit sicherer Trennung) stellen gleichzeitig den Basisschutz und den Fehlerschutz sicher, durch

- Verwendung kleiner Spannungen,
- sichere Erzeugung der Spannung (Sicherheitstransformatoren, Motorgeneratoren, Generatoren, galvanische Elemente, elektronische Betriebsmittel),
- sichere Trennung zu Stromkreisen höherer Spannung,
- sichere Trennung von SELV- und PELV-Stromkreisen untereinander,
- Verwendung geeigneter Steckvorrichtungen.

SELV und PELV unterscheiden sich voneinander durch die Trennung ihrer Stromkreise von Erde bzw. vom Potential des Schutzleiters. Aktive Teile des SELV-Stromkreises dürfen in Gegensatz zu PELV-Stromkreisen nicht geerdet werden. Auch die Erdung der Körper der Betriebsmittel ist nicht zulässig.

Auf Baustellen: Stromkreise mit Steckdosen mit $I_n \leq 32$ A und fest angeschlossenen, in der Hand gehaltenen elektrischen Verbrauchsmitteln müssen entweder durch Fehlerstromschutzeinrichtungen (RCDs) mit einem Bemessungsdifferenzstrom 30 mA (Kapitel 9), durch Schutztrennung mit einem Verbrauchsmittel oder mit Schutz durch Kleinspannung mittels SELV oder PELV (Kapitel 8.1.2.4) geschützt werden. Bei SELV oder PELV muss auf jeden Fall der Basisschutz (Schutz gegen direktes Berühren) unabhängig von der Höhe der Nennspannung gegeben sein, d. h., der Schutz gegen direktes Berühren muss vorgesehen werden, entweder durch:

- Abdeckung oder Umhüllung mindestens in Schutzart IP2X, besser IP4X oder
- Isolierung, die nur durch Zerstörung entfernt werden kann und die einer Prüfspannung von AC 500 V Effektivwert für eine Minute standhält.

Merke! Die Anwendung der Kleinspannung bietet auf Baustellen einen sehr guten Schutz gegen elektrischen Schlag (Basisschutz und Fehlerschutz sind gut erfüllt). Leider kann diese Maßnahme durch die geringe Spannung nur bei relativ geringen Leistungen angewendet werden. Daher wird die Schutzmaßnahme Kleinspannung für die Versorgung von Stromkreisen für Sicherheitszwecke und für Sicherheitsbeleuchtungsanlagen eingesetzt.

7.1.2.5 Schutz durch Schutztrennung

Schutztrennung mit nur einem Verbrauchsmittel

Die Anwendung der Schutztrennung ist in DIN VDE 0100-410 geregelt, danach darf im Regelfall nur ein Verbrauchsmittel an einen Trenntransformator oder an eine Sekundärwicklung eines Transformators angeschlossen werden. Der Schutz der Schutztrennung besteht darin, dass nur ein *einziges* elektrisches Verbrauchsmittel (nicht Betriebsmittel) hinter der Stromquelle mit einfacher Trennung zu anderen Stromkreisen und Erde genutzt werden darf. Der Basisschutz und der Fehlerschutz werden erfüllt. Bei der Versorgung nur *eines* elektrischen Verbrauchsmittels kann weder bei einem Fehler noch bei einem zweiten Körperschluss eine Gefährdung eintreten. Daher ist die Schutzmaßnahme Schutztrennung mit nur *einem* Verbrauchsmittel eine hervorragende Maßnahme, die auch bei der Nutzung durch elektrotechnische Laien gut verwendet werden kann. Dies gilt auch beim Betrieb von Ersatzstromerzeugern (Kapitel 12) mit der Schutzmaßnahme Schutztrennung.

Auf Baustellen: Da es sich bei Baustellen um Bereiche mit erhöhter elektrischer Gefährdung handelt, ist die Schutztrennung mit einem Verbraucher eine besonders geeignete Schutzmaßnahme, die gut für den Einsatz durch elektrotechnische Laien geeignet ist. Voraussetzung ist allerdings eine umfassende Unterweisung der Anwender über die möglichen Gefahren bei unsachgemäßer Handhabung der so geschützten Verbrauchsmittel, denn es ist das Nachschalten eines Verteilers zum Anschluss von mehreren Verbrauchsmitteln, nicht erlaubt. Der hohe Schutzwert wird reduziert, wenn mehrere Verbrauchsmittel angeschlossen würden, daher gehört die Maßnahme Schutztrennung mit mehr als einem Verbrauchsmittel, also mit mehreren Verbrauchsmitteln nicht zu den allgemein erlaubten Schutzmaßnahmen, sondern sie gehört der Gliederung nach zu den Schutzvorkehrungen, die nur angewendet werden dürfen, wenn die Anlage durch Elektrofachkräfte oder elektrotechnisch unterwiesene Personen überwacht wird. Dieses wird auf Bau- und Montagestellen in der Regel nicht zutreffen.

Schutztrennung mit mehr als einem Verbrauchsmittel

Früher wurde die Schutztrennung bei Speisung eines Verbrauchsmittels und mehreren Verbrauchsmitteln als *eine* Schutzmaßnahme des Schutzes gegen elektrischen Schlag behandelt. Nach Inkrafttreten der DIN VDE 0100-410:2007-06 gilt nun aktuell, dass als allgemein erlaubte Schutzmaßnahme nur Schutz durch Schutztrennung für die Versorgung *eines* Verbrauchsmittels angewendet werden darf. Sollen mehrere Verbrauchsmittel versorgt werden, so handelt es sich um eine Schutzvorkehrung mit der Bezeichnung Schutztrennung mit mehr als einem Verbrauchsmittel.

Anforderungen:

- Schutztrennung ist nur wirksam, wenn die Isolierung der Sekundärseite fehlerfrei ist, daher müssen Vorkehrungen dafür sorgen, dass der Stromkreis mit Schutztrennung vor Schäden und Isolationsfehlern (Isolierung der Leitungen und Handgeräte) geschützt ist, und dies sollte durch eine Elektrofachkraft ständig überprüft werden.

- Die Körper der Verbrauchsmittel müssen miteinander durch isolierte, ungeerdete Schutzpotentialausgleichsleiter verbunden werden. Diese dürfen jedoch nicht mit den Schutzleitern und den Körpern anderer Stromkreise (auch nicht mit fremden leitfähigen Teilen) verbunden werden.
- Flexible Anschlussleitungen der Betriebsmittel müssen einen Schutzleiter enthalten. Anschlussleitungen mit der Schutzmaßnahme doppelte oder verstärkte Isolierungen (Schutzisolierungen) brauchen diesen Schutzleiter nicht.
- Tritt je ein Fehler in zwei verschiedenen Betriebsmitteln in unterschiedlichen Außenleitern auf, so muss eine Schutzvorrichtung innerhalb von 0,2 s (bei 400 V) abschalten.

Der wesentliche Vorteil der Schutztrennung liegt in der Unabhängigkeit von Erdern. So wird auch in der BGI 867 beschriebenen Maßnahme „Schutztrennung mit mehreren Verbrauchsmitteln und automatische Abschaltung bei Auftreten des ersten Fehlers durch die Isolationsüberwachungseinrichtung" der Vorteil darin gesehen, dass bei der Schutzerdung keine Erdungen erforderlich sind und deshalb die Anwendung auch für elektrotechnische Laien auf Baustellen problemlos möglich ist.

Schutztrennung	Schutzmaßnahme: Gefährliche aktive Teile eines Stromkreises sind gegenüber anderen Stromkreisen und deren Teilen, gegen örtliche Erde und gegen Berühren isoliert.
Einfache Trennung	ist die Trennung zwischen elektrischen Stromkreisen oder zwischen einem elektrischen Stromkreis und örtlicher Erde durch die Basisisolierung.
Sichere Trennung **oder** **elektrische Trennung** **oder** **sichere elektrische Trennung**	ist die gegenseitige Trennung von Stromkreisen mithilfe von: • doppelter Isolierung oder • Basisisolierung und elektrischer Schutzschirmung oder • verstärkter Isolierung oder • einer Kombination dieser Vorkehrungen. Eine Trennung, die den Übertritt der Spannung eines Stromkreises in einen anderen Stromkreis mit hinreichender Sicherheit verhindert.

Tabelle 7.2 Schutzmaßnahme Schutztrennung

7.1.2.6 Zusätzlicher Schutz für Endstromkreise für den Außenbereich

In DIN VDE 0100-410:2007-06 ist ein zusätzlicher Schutz für Steckdosen und für Endstromkreise für den Außenbereich geregelt. Auf Baustellen ist der zusätzliche Schutz für Endstromkreise für den Außenbereich relevant.

Merke! Endstromkreise sind Stromkreise, die dafür vorgesehen sind, elektrische Verbrauchsmittel oder Steckdosen unmittelbar mit elektrischer Energie zu versorgen.

Endstromkreise mit einem Bemessungsstrom bis einschließlich 32 A für im Außenbereich verwendete tragbare Betriebsmittel müssen zusätzlich mit einer Fehlerstromschutzeinrichtung (RCD) mit einem Bemessungsdifferenzstrom ≤ 30 mA geschützt werden. Diese Forderung gilt nicht nur für tragbare Betriebsmittel der Schutzklasse I, sondern auch für Verbrauchsmittel der Schutzklasse II (Betriebsmittel mit doppelter und verstärkter Isolierung, früher schutzisoliert). Diese Anforderung gilt immer. Es wird kein Unterschied gemacht zur Anwendung der Betriebsmittel durch elektrotechnische Laien oder Elektrofachkräfte, d. h., auf der Baustelle muss der zusätzliche Schutz durch Fehlerstromschutzeinrichtungen (RCDs) immer berücksichtigt werden. Diese zusätzliche Anforderung gilt auch dann, wenn die verwendeten tragbaren Betriebsmittel über Steckdosen angeschlossen sind, die im Innenbereich angebracht sind, das Betriebsmittel aber im Außenbereich, also im Freien, verwendet wird.

Zusammenfassung der Anforderungen nach DIN VDE 0100-704 für den Schutz gegen elektrischen Schlag
Stromkreise für Steckdosen und für in der Hand gehaltener Betriebsmittel mit einem Bemessungsstrom bis *einschließlich* 32 A müssen geschützt sein durch: • Fehlerstromschutzeinrichtungen (RCDs) mit einem Bemessungsdifferenzstrom nicht größer als 30 mA oder • Schutzmaßnahme Kleinspannung mittels SELV oder PELV oder • Schutzmaßnahme Schutztrennung, wobei der Stromkreis oder das Betriebsmittel durch einen eigenen Transformator mit einfacher Trennung versorgt wird. In Stromkreisen für Steckdosen mit Bemessungsströmen *über* 32 A müssen Fehlerstromschutzeinrichtungen (RCDs) mit einem Bemessungsdifferenzstrom, der nicht größer als 500 mA ist, als Abschalteinrichtung verwendet werden. Details zu Anforderungen für Schutztrennung: Kapitel 8.1.2.5. Anforderungen an SELV- und PELV-Stromkreise: Die Anforderungen für den Basisschutz (Schutz gegen direktes Berühren) müssen unabhängig von der Höhe der Nennspannung vorgesehen werden (Kapitel 8.1.2.4).

7.2 Schutz gegen Berührung, Fremdkörper und Wasser

7.2.1 IP-Schutzarten

Der Schutz elektrischer Betriebsmittel gegen Berührung, Fremdkörper und Wasser wird durch die Schutzart festgelegt und durch ein alphanumerisches Kurzzeichen, den IP-Code, definiert. Die IP-Schutzarten geben den Umfang des Schutzes eines

Betriebsmittels durch ein Gehäuse an. Das Kurzzeichen, das den Grad des Schutzes erkennen lässt, besteht aus den Kennbuchstaben IP (International Protection) und den daran angefügten Kennziffern. Während die Kennbuchstaben stets gleichbleibend sind, ändern sich die Kennziffern in Abhängigkeit von den jeweiligen Anforderungen an den Schutz. **Bild 7.4** zeigt Beispiele zum IP-Code.

Die Schutzarten legen Anforderungen fest für den:

- Berührungsschutz,
- Schutz von Personen gegen Zugang zu gefährlichen Teilen,
- Fremdkörperschutz,
- Schutz des Betriebsmittels gegen Eindringen von festen Fremdkörpern,
- Wasserschutz,
- Schutz der Betriebsmittel gegen schädliche Einwirkungen durch das Eindringen von Wasser.

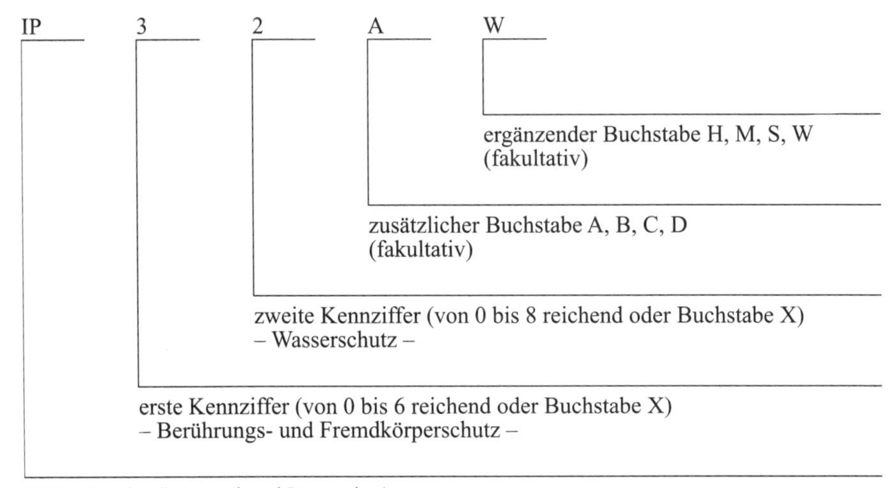

Bild 7.4 Beispiele zum IP-Code

Die Bedeutung der Kennziffern kann der **Tabelle 7.3** entnommen werden. Die erste Kennziffer stellt die Anforderungen an den Schutz des Gehäuses dar, und zwar, in welcher Weise Personen Schutz gegen den Zugang zu gefährlichen Teilen geboten wird. Der Schutz muss sicherstellen, dass Teile des menschlichen Körpers weder direkt noch indirekt mit einem Gegenstand Zugang zu gefährlichen Stellen des jeweiligen elektrischen Betriebsmittels erhalten.

Kennziffer (Schutzgrad)	Erste Ziffer		Zweite Ziffer
	Berührungsschutz	**Fremdkörperschutz**	**Wasserschutz**
0	kein besonderer Schutz	kein besonderer Schutz	kein besonderer Schutz
1	geschützt gegen den Zugang zu gefährlichen Teilen mit dem Handrücken	geschützt gegen feste Fremdkörper 50 mm Durchmesser und größer	geschützt gegen Tropfwasser
2	geschützt gegen den Zugang zu gefährlichen Teilen mit einem Finger	geschützt gegen feste Fremdkörper 12,5 mm Durchmesser und größer	geschützt gegen Tropfwasser, wenn das Gehäuse bis zu 15° geneigt ist
3	geschützt gegen den Zugang zu gefährlichen Teilen mit einem Werkzeug	geschützt gegen feste Fremdkörper 2,5 mm Durchmesser und größer	geschützt gegen Sprühwasser
4	geschützt gegen den Zugang zu gefährlichen Teilen mit einem Draht	geschützt gegen feste Fremdkörper 1 mm Durchmesser und größer	geschützt gegen Spritzwasser
5	geschützt gegen den Zugang zu gefährlichen Teilen mit einem Draht	staubgeschützt	geschützt gegen Strahlwasser
6	geschützt gegen den Zugang zu gefährlichen Teilen mit einem Draht	staubgeschützt	geschützt gegen starkes Strahlwasser
7			geschützt gegen die Wirkungen beim zeitweiligen Untertauchen in Wasser
8			geschützt gegen die Wirkungen beim dauernden Untertauchen in Wasser

Tabelle 7.3 IP-Schutzarten

Gleichzeitig gibt die erste Ziffer den Grad der Anforderung wieder, inwieweit das Gehäuse dem Betriebsmittel Schutz gegen das Eindringen von festen Fremdkörpern gewährt. Zusammenfassend bezeichnet die erste Kennziffer den Schutzgrad gegen den Zugang zu gefährlichen Teilen und gegen feste Fremdkörper (frühere Bezeichnung aus der DIN 40050: Berührungs- und Fremdkörperschutz).

Die zweite Kennziffer bezeichnet den Schutzgrad gegen Wasser (Tabelle 7.3). Schädliche Einwirkungen durch das Eindringen von Wasser sollen verhindert werden.

Die Kennziffern können nach DIN EN 60529 (**VDE 0470-1**) „Schutzarten durch Gehäuse (IP-Code)" noch durch die Verwendung weiterer Buchstaben ergänzt werden.

Der *zusätzliche* Buchstabe hat eine Bedeutung für den Schutz von Personen und macht eine Aussage über den Schutz gegen den Zugang zu gefährlichen Teilen:

- Buchstabe A: Schutz gegen Berühren gefährlicher Teile mit dem Handrücken,
- Buchstabe B: Schutz gegen Berühren gefährlicher Teile mit den Fingern,

- Buchstabe C: Schutz gegen Berühren gefährlicher Teile mit Werkzeug über 2,5 mm Durchmesser und über 100 mm Länge,
- Buchstabe D: Schutz gegen Berühren gefährlicher Teile mit Draht über 1 mm Durchmesser und über 100 mm Länge.

Der *ergänzende* Buchstabe hat eine Bedeutung für den Schutz des Betriebsmittels und gibt ergänzende Informationen:

- Buchstabe H: Hochspannungsgeräte,
- Buchstabe M: Schutz vor schädlicher Wirkung durch Eintritt von Wasser während des Betriebs beweglicher Teile,
- Buchstabe S: Schutz vor schädlicher Wirkung durch Eintritt von Wasser bei Stillstand beweglicher Teile,
- Buchstabe W: Schutz vor bestimmten Wetterbedingungen.

Für die Anwendung des IP-Kurzzeichens weitere Hinweise:

Unterschied der Kennziffer „0“ (kein besonderer Schutz gefordert) bzw. „X“ (der Schutzgrad ist freigestellt).

Beispiele

IPX3 bedeutet: Berührungs- und Fremdkörperschutz ist freigestellt; Wasserschutz: geschützt gegen Sprühwasser.

IP5X bedeutet: Berührungs- und Fremdkörperschutz; geschützt gegen den Zugang mit einem Draht/staubgeschützt; Wasserschutz ist freigestellt.

Staubgeschützt (Kennziffer 5) bedeutet: Staub darf nur in so begrenztem Umfang eindringen, sodass ein zufriedenstellender Betrieb des Geräts gewährleistet ist und die Sicherheit nicht beeinträchtigt wird.

Wasserschutz (bis zur Kennziffer 6) bedeutet: Auch die Anforderungen für alle niedrigen Kennziffern sind erfüllt, z. B. IPX6 erfüllt gleichzeitig IPX1/IPX2/IPX3/IPX4/IPX5. Dies gilt aber nicht bei IPX7 oder IPX8, d. h., IPX8 erfüllt nicht gleichzeitig die Forderung nach IPX4 oder IPX6. Soll beides bei dem jeweiligen Gerät erreicht werden, so müssen auch beide Bezeichnungen verwendet werden, also eine Doppelkennzeichnung: z. B. IPX6/IPX8.

(Anmerkungen: Zusätzliche und/oder ergänzende Buchstaben dürfen ersatzlos entfallen. Werden mehrere zusätzliche bzw. ergänzende Buchstaben verwendet, so gilt die alphabetische Reihenfolge. Die genannten Schutzarten gelten für Betriebsmittel und auch für elektrische Anlagen).

Je nach Notwendigkeit variieren die Forderungen an die jeweiligen Schutzgrade. Abdeckungen und Umhüllungen in der Elektroinstallation sind grundsätzlich nach der Schutzart IP2X auszulegen. Horizontale Oberflächen, die eine Anlage nach oben hin abdecken, müssen jedoch mindestens der Schutzart IP4X genügen. Das bedeutet, Einführungen von Leitungen dürfen nach Fertigstellung der Anlage ebenfalls keine größeren Spalten bzw. Löcher als 1 mm aufweisen. Außerdem dürfen Abdeckungen und Umhüllungen nur mit entsprechendem Werkzeug (oder Schlüsseln) entfernt werden können, oder es muss sichergestellt sein, dass vor dem Entfernen das Abschalten der Spannung an allen aktiven Teilen zwangsweise erfolgt.

(Anmerkung: Eine weitere Ausnahme von der „Werkzeug-Forderung“ ist dann zulässig, wenn nach Entfernen der Abdeckung sich dort eine weitere „Zwischenabdeckung“ wenigstens der Schutzart IP2X befindet).

Für Betriebsmittel und für elektrische Anlagen in Betriebsstätten und Räumen besonderer Art, wie auf Baustellen, sind Schutzarten teilweise für den speziellen Fall gesondert festgelegt. **Tabelle 7.4** gibt einen schnellen Überblick zu den verschiedenen Schutzarten der Betriebsmittel und Verbrauchsmittel auf Baustellen.

Die in der Tabelle aufgelisteten IP-Schutzarten sind entweder in den aktuellen Normen als Anforderungen enthalten oder können als Empfehlungen verstanden werden, da sie in dieser Bezeichnung in den aktuellen Normen nicht mehr gefordert sind.

DIN VDE 0100-704 und andere Teile der DIN VDE 0100	IP-Schutzarten		
Baustellen	**Betriebsmittel**	**Schutzart**	**Anmerkung**
	Anlasswiderstände*)	IP44	außerhalb von Schaltanlagen und Verteilern
	Abzweigdosen	IPX4	
	Baustromverteiler	IP44	bei geschlossener Tür mindestens IP44; Bedienungsfront mindestens IP21
	AV-Schrank		Messeinrichtung im AV-Schrank
	Ersatzstromversorgungsanlage	IP54	Anwendung im Freien
	handgeführte Elektrowerkzeuge	IP2X, IP54**)	
	Handleuchten	IP55, IP55**)	
	Hebezeuge	IP23	
	Installationsmaterial	IPX4	
	Kleinstbaustromverteiler	IP43	
	Kräne	IP23	
	Leitungsroller	IPX4	
	Leuchten, Bodenleuchten	IP23, IP55**)	
	Maschinen*)	IP44	außerhalb von Schaltanlagen und Verteilern
	Regelwiderstände*)	IP44	
	Schalt- und Steuergeräte*)	IP44	
	Schaltanlagen	IP43	
	Schutzverteiler	IP44	
	Schweißstromquellen	IP23	Anwendung im Freien
	Steckvorrichtungen	IPX4	
	steckbare Verteilungseinrichtung als Speisepunkt	IP43	
	Verteiler	IP43	
	Wärmegeräte	IPX4	

*Anmerkung: *) auf Kranen IP23; **) nach BGI/GUV-I 600 Auswahl und Betrieb ortsveränderlicher elektrischer Betriebsmittel nach Einsatzbereichen*

Tabelle 7.4 IP-Schutzarten für unterschiedliche Betriebsmittel und Verbrauchsgeräte auf der Baustelle

Da einige Betriebsmittel/Verbrauchsmittel nur eine Kennzeichnung der Schutzart durch Symbole aufweisen (nach DIN VDE 0713-1), sind in der **Tabelle 7.5** einige Symbole zu den IP-Schutzarten dargestellt.

Symbol	Schutzgrad	Entspricht etwa
ohne Symbol	kein Wasserschutz	IPX0
	tropfwassergeschützt	IPX1 und IPX2
	sprühwassergeschützt	IPX3
	spritzwassergeschützt	IPX4
	strahlwassergeschützt	IPX5
	wasserdicht	IPX6 und IPX7
__m	druckwasserdicht	IPX8
	staubgeschützt	IP5X
	staubdicht	IP6X

Tabelle 7.5 Schutzgrade durch Symbole

7.2.2 Schutzklassen

Die Schutzklassen machen eine Aussage darüber, welche Maßnahmen zum Schutz gegen elektrischen Schlag im Fehlerfall vorgesehen sind. Die Schutzklassen kennzeichnen den Schutz bei indirektem Berühren (Fehlerschutz).

Schutzklasse 0

Der Schutz bei indirektem Berühren ist nicht vorgesehen. Die Körper der Betriebsmittel werden weder an den Schutzleiter der festen Installation angeschlossen noch sind sie wie bei der Schutzisolierung von außen unzugänglich. Beim Versagen der Basisisolierung muss der Schutz gegen gefährliche Berührungsströme durch die Umgebung z. B. frei von Erdpotential oder durch nicht leitende Räume gewährleistet sein.

*(Anmerkung: Betriebsmittel der Schutzklasse 0 sind in Deutschland nicht zugelassen (Tabelle 7.5). Für die Betriebsmittel der Schutzklasse 0 wird in den Normen empfohlen, sie in Zukunft aus der internationalen Normung auszuschließen. Sie sind nur deshalb z. B. in der DIN EN 61140 (**VDE 0140-1**) genannt, weil diese Schutzklasse noch in wenigen Betriebsmittelnormen enthalten ist.*

Schutzklasse I

Der Schutz bei indirektem Berühren wird durch den Anschluss der Körper an den Schutzleiter der festen Installation sichergestellt. Beim Versagen der Basisisolierung wird der fehlerhafte Stromkreis abgeschaltet. Es bleibt keine gefährliche Berührungsspannung bestehen. Beim Anschluss der Betriebsmittel über bewegliche Anschlussleitungen wird vorausgesetzt, dass der Schutzleiter mitgeführt und mit dem Körper des Betriebsmittels verbunden wird.

Schutzklasse II

Der Schutz bei indirektem Berühren wird durch eine zweite doppelte Isolierung oder durch eine verstärkte Isolierung sichergestellt, die den Bedingungen der Schutzisolierung entsprechen. Es besteht keine Anschlussmöglichkeit für den Schutzleiter *(Anmerkung: Ausnahmen müssen in den Gerätebestimmungen ausdrücklich zugelassen werden).*

Die Betriebsmittel der Schutzklasse II sind hinsichtlich ihres Schutzes bei indirektem Berühren unabhängig von den Installationsbedingungen. Man unterscheidet vollisolierte Betriebsmittel, bei denen auch die Körper in die Isolierung mit einbezogen werden, und metallgekapselte Betriebsmittel, bei denen die aktiven Teile gegenüber der Metallkapselung doppelt oder verstärkt isoliert sind.

Schutzklasse III

Betriebsmittel der Schutzklasse III dürfen nur mit Spannungen betrieben werden, die die Bedingungen der Schutzkleinspannung (Begrenzung der Spannung auf Werte von ELV) erfüllen. Die Körper der Betriebsmittel werden weder mit dem Schutzleiter noch mit Erde verbunden *(Anmerkung: Ausnahmen nur nach den Gerätebestimmungen).*

Schutz-klasse	Schutz bei indirektem Berühren	Merkmale		Erläuterungen
		Betriebsmittel	Installation	
0	kein Schutz, Umgebung frei von Erdpotential, nicht leitende Räume	kein Schutzleiteranschluss	kein Schutzleiter	in Deutschland nicht zulässig
I	Schutz durch Abschaltung, Schutzleiterschutzmaßnahmen	Anschlussstelle für Schutzleiter, Körper mit Schutzleiter verbinden	Anschluss an Schutzleiter, auch bei beweglichen Anschlussleitungen	allgemein übliche Anwendung
II	Schutzisolierung	zusätzliche oder verstärkte Isolierung, keine Anschlussstelle für Schutzleiter	unabhängig von den Installationsbedingungen	häufige Anwendung bei Haushaltsgeräten und Elektrowerkzeugen
III	Schutzkleinspannung	Betriebsspannung ≤ Schutzkleinspannung, kein Schutzleiteranschluss	Versorgung mit Schutzkleinspannung (ELV) ungeerdet und von höherer Spannung sicher getrennt	Anwendung in Sonderfällen bei besonderer Gefährdung

Tabelle 7.6 Schutzklassen und ihre Merkmale in der Übersicht

7.3 Schutz durch Trennen und Schalten

Die Schutzmaßnahmen durch Trennen und Schalten sollen Gefahren an elektrischen Betriebsmitteln und elektrisch betriebenen Maschinen durch Ausschalten, Trennen oder Freischalten von Hand verhindern. Dabei handelt es sich um nicht automatische Vorgänge vor Ort oder durch Fern- und Nahbetätigung. Die Schutzmaßnahmen durch Trennen und Schalten ersetzen nicht den Schutz gegen gefährliche Berührungsströme, den Schutz gegen zu hohe Erwärmung oder andere in DIN VDE 0100 geforderte Maßnahmen.

Die Not-Aus-Schaltung (Abschaltung bei unerwarteten Gefahren) wurde früher in den Normen für Baustellen gefordert. Diese Anforderung ist in der aktuellen DIN VDE 0100-704:2007-10 nicht mehr enthalten.

7.4 Schutz gegen Überspannungen

Der Schutz gegen Überspannungen soll schädliche Einwirkungen durch atmosphärische Einflüsse verhindern, soweit dies unter wirtschaftlichen und betrieblichen Gesichtspunkten möglich ist.

7.5 Schutz gegen zu hohe Erwärmung

Überströme können entstehen als Überlastströme in einem fehlerfreien Stromkreis oder als Kurzschlussströme durch einen Fehler. Entsprechend wird der Schutz gegen zu hohe Erwärmung eingeteilt in den Schutz bei Überlast und den Schutz bei Kurzschluss. Überstromschutzeinrichtungen schützen Leitungen, Kabel und Stromschienen gegen zu hohe Erwärmung, die durch Überströme hervorgerufen werden kann.

Schutz bei Überlast: Schutzeinrichtungen unterbrechen den Überlaststrom, bevor er eine für Leitungen, Kabel und Stromschienen schädliche Erwärmung verursacht. Dies ist sichergestellt, wenn die Schutzeinrichtungen den Querschnitten der Leitungen, Kabel und Stromschienen bestimmungsgemäß zugeordnet werden. Auf Baustellen ist darauf zu achten, dass an Steckdosenleisten oder Leitungsrollern (Kapitel 14.4) nicht zu viele Verbrauchsgeräte (auf die Leistungsaufnahme der Geräte achten) angeschlossen werden, damit die Zuleitung zur Steckdosenleiste oder zum Leitungsroller nicht überlastet wird.

Schutz bei Kurzschluss: Schutzeinrichtungen unterbrechen den Kurzschlussstrom, bevor für Leitungen, Kabel und Stromschienen sowie deren Umgebung eine schädliche Erwärmung oder schädliche mechanische Wirkungen hervorgerufen werden können.

Empfehlungen kurzgefasst: Schutzmaßnahmen

- Konzept der Schutzmaßnahmen gegen elektrischen Schlag: 1. Schutz gegen direktes Berühren (Basisschutz), 2. Schutz bei indirektem Berühren (Fehlerschutz) und auf Baustellen Ergänzung durch 3. Schutz bei direktem Berühren (zusätzlicher Schutz).
- Basisschutz: Personen werden durch Vorkehrungen (Isolierungen, Abdeckungen oder Umhüllungen, Abstand) davor geschützt, aktive Teile direkt berühren zu können.
- Fehlerschutz: Maßnahmen, die nach Auftreten von Fehlern gefährliche Berührungsspannungen verhindern oder in vorgegebenen Zeiten abschalten.
- Maßnahmen, die gefährliche Berührungsspannungen verhindern: Schutzkleinspannung (SELV/PELV), Schutzisolierung, Schutztrennung.
- Maßnahmen, die gefährliche Berührungsspannungen abschalten: Automatische Abschaltung erfordert eine Koordination der Netzsysteme „Art der Erdverbindung" mit den Schutzeinrichtungen.
- Auf Baustellen ist nach dem Übergabepunkt: TN-Systeme (Abschaltung 0,2 s … 5 s), TT-Systeme (Abschaltung 0,07 s … 1 s) und IT-Systeme (Abschaltung des zweiten Fehlers) erlaubt; Details siehe Kapitel 8.1.2.1.
- Schutzerdung: Erdung eines Punkts, mehrerer Punkte, einer Anlage oder eines Betriebsmittels mit einem Schutzleiter zum Zwecke der elektrischen Sicherheit (System nach Art der Erdverbindung).
- Schutzpotentialausgleich: Beseitigen von Potentialunterschieden zwischen elektrischen Anlagen und fremden leitfähigen Teilen.
- Doppelte oder verstärkte Isolierung (früher Schutzisolierung): zusätzliche Isolierung zur Basisisolierung; Betriebsmittel der Schutzklasse II.
- Schutzmaßnahme Kleinspannung (SELV): geringe Nennspannung der Stromkreise bis 50 V; gleichzeitig Basisschutz und Fehlerschutz. Sehr guter Schutz auf Baustellen, allerdings für nur geringe Leistung geeignet.
- Schutztrennung: Es darf nur ein einziges Verbrauchsgerät hinter der Stromquelle mit einfacher Trennung zu anderen Stromkreisen und Erde genutzt werden; das Nachschalten eines Verteilers zum Anschluss mehrerer Verbrauchsmittel ist nicht erlaubt.
- Schutztrennung mit mehr als einem Verbrauchsmittel: Anforderungen siehe Kapitel 8.1.2.5.
- Endstromkreise auf Baustellen müssen zusätzlich mit einer Fehlerstromschutzeinrichtung (RCD) 30 mA geschützt werden (Kapitel 8.1.2.6).
- IP-Schutzarten für unterschiedliche Betriebsmittel und Verbrauchsgeräte auf Baustellen siehe Tabelle 7.4.
- Not-Aus-Schaltung ist auf Baustellen nach DIN VDE 0100-704:2007-10 nicht mehr gefordert.

8 Fehlerstromschutzeinrichtung (RCD)

Der Fehlerstrom ist ein Strom, der infolge eines Isolationsfehlers zwischen zwei bestimmungsgemäß voneinander isolierten Teilen zum Fließen kommt. Es handelt sich dabei je nach Fehlerart um einen Kurzschluss- oder Erdschlussstrom. Als Fehlerstrom wird auch der zur Erde abfließende Strom bezeichnet, der die Auslösung, z. B. einer Fehlerstromschutzeinrichtung, bewirkt. Die Größe des Fehlerstroms wird von der Impedanz des Fehlerstromkreises bestimmt. Dazu zählen die Netzimpedanzen, die Widerstände der Installations- und Erdungsanlagen, soweit vorhanden der Widerstand an der Fehlerstelle und der Körperwiderstand in Verbindung mit seiner Umgebung.

Bild 8.1 zeigt das Funktionsprinzip: Der Fehlerstromschutzschalter funktioniert nach dem Prinzip des Summenstromwandlers. Dieser umfasst alle Stromleiter des zu schützenden Stromkreises inkl. des Neutralleiters. In einem fehlerfreien Stromkreis heben sich im Summenstromwandler die magnetischen Wirkungen der stromdurchflossenen Leiter auf. Es entsteht kein Restmagnetfeld, das eine Spannung auf die Sekundärwicklung des Wandlers induzieren könnte, d. h., die Summe aller durch den Fehlerstromschutzschalter fließenden Ströme ist bei einem fehlerfreien Stromkreis gleich null. Erst wenn durch z. B. einen Isolationsfehler ein Fehlerstrom fließt, verbleibt ein Restmagnetfeld im Wandlerkern. Dadurch wird in der Sekundärwicklung eine Spannung erzeugt, die über den Haltemagnet-Auslöser und das Schaltschloss die Abschaltung des Stromkreises mit der zu hohen Berührungsspannung bewirkt. Differenzströme können auftreten, wenn durch den menschlichen Körper oder eine schadhafte Isolierung ein Fehlerstrom fließt. Die entstehende Stromdifferenz löst den Fehlerstromschutzschalter aus. Neben einem geringen Bemessungsdifferenzstrom von 5 mA bis 30 mA ist auch eine extreme kurze Auslösezeit von max. 20 ms bis 30 ms von großer Bedeutung.

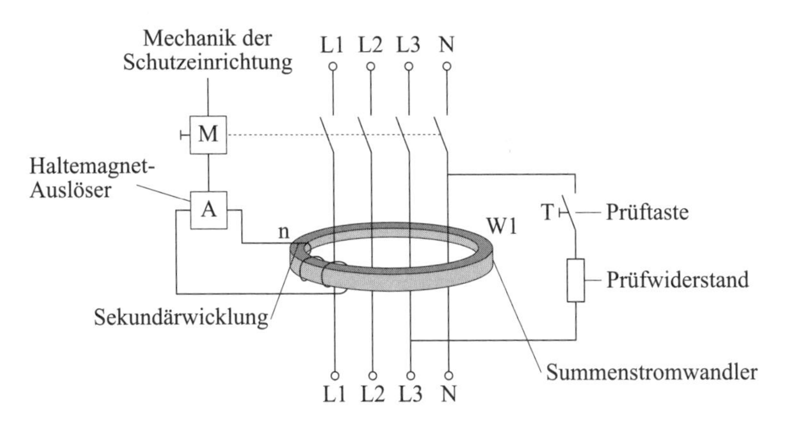

Bild 8.1 Prinzipdarstellung eines Fehlerstromschutzschalters, Typ A (Siemens)

Fehlerstromschutzeinrichtung (RCD) ist die einheitliche Bezeichnung für verschiedene Arten von Fehlerschutzschaltern, Fehlerschutzgeräten und Fehlerschutzeinrichtungen. (Bedeutung von RCD: **R**esidual **C**urrent protective **D**evice; als internationale Bezeichnung in den aktuellen Normen enthalten; Reststromschutzgerät; die frühere gebräuchliche Bezeichnung FI darf in Deutschland weiter genutzt werden). Häufig wird auch noch der Begriff Schutzschalter verwendet. Es ist eine Schutzeinrichtung, die den zu überwachenden und zu schützenden Stromkreis sofort unterbricht, wenn der Strom in diesem Stromkreis z. B. in einem Störfall gegen Erde abgeleitet wird. Für den Auslösefehlerstrom einer Fehlerstromschutzeinrichtung (RCD) wird aktuell in DIN VDE 0100 der Begriff Bemessungsdifferenzstrom verwendet (früher: Bemessungsfehlerstrom).

Vorteile der Fehlerstromschutzeinrichtung (RCD):

- niedrige Bemessungsauslöseströme,
- extrem kurze Abschaltzeiten,
- Strom-Zeitwerte liegen so niedrig (z. B. 30 mA; 1 s), sodass Körperströme für Mensch und Tier ungefährlich sind,
- Erdschlüsse werden unverzüglich abgeschaltet (Brandschutz),
- Schutz bei Schutzleiterunterbrechungen,
- Schutz bei Schutzleiterverwechselungen,
- Schutz bei Isolationsfehlern in Betriebsmitteln der Schutzklasse II mit doppelter oder verstärkter Isolierung.

Durch diese Vorteile der Fehlerstromschutzeinrichtungen (RCDs) für den Personen- und Sachschutz ist der Einsatz in besonders gefährdeten Anlagen nach den DIN-VDE-Normen, z. B. in der Gruppe 700 von DIN VDE 0100, vorgeschrieben oder zu empfehlen. Fehlerstromschutzeinrichtungen (RCDs) im TT- oder TN-System mit einem Bemessungsfehlerstrom von $I_{\Delta n} \leq 30$ mA sind nach DIN VDE 0100-704:2007-10 zwingend einzusetzen. Auch nach BGI/GUV-I 608 gilt die grundsätzliche Anforderung an den Schutz gegen elektrischen Schlag, durch Fehlerstromschutzeinrichtungen mit einem Bemessungsdifferenzstrom von $I_{\Delta n} \leq 30$ mA für Steckdosen mit einem Bemessungsstrom ≤ 32 A zu schützen.

Die Fehlerstromschutzeinrichtungen arbeiten sehr präzise, selbst bei schwierigen Umgebungsbedingungen, wie auf Baustellen, und selbst ein häufiger Transport von einer Baustelle zur anderen beeinträchtigen die Genauigkeit von Fehlerstromschutzeinrichtungen (RCDs) nicht.

Die richtige Auswahl von Fehlerstromschutzeinrichtungen (RCDs) ist wichtig, da je nach Anwendung sehr unterschiedliche Anforderungen an die elektrischen Anlagen und Betriebsmittel gestellt werden und dadurch auch eine Vielfalt der Fehlerstromschutzeinrichtungen (RCDs) erforderlich ist. Baulich wird unterschieden zwischen normal in Verteilungsanlagen eingebauten Fehlerstromschutzeinrichtungen (RCDs), mobile Schutzschalter oder Schutzschalter, die in Steckdosen integriert sind. Fehlerstromschutzeinrichtungen werden für die verschiedensten Zwecke verwendet, wie für den Personenschutz im Sinne des zusätzlichen Schutzes (DIN VDE 0100-410), für den Brandschutz und für den Fehlerschutz. Sie unterscheiden sich weiter nach der Fehlerstromsensitivität, der Frequenz, des Bemessungsstroms und der Polzahl.

In der **Tabelle 8.1** sind verschiedene Fehlerstromschutzeinrichtungen (RCDs) aufgelistet.

Fehlerstrom-schutzschalter Typ	**Erläuterungen**	**Norm**
RCCB Typ A	netzspannungsunabhängige Fehlerstromschutzschalter *ohne* integrierten Überstromschutz	DIN EN 61008-1 (**VDE 0664-10**), DIN EN 61008-2-1 (**VDE 0664-11**)
RCBO Typ A	netzspannungsunabhängige Fehlerstromschutzschalter *mit*[**)] integrierten Überstromschutz	DIN EN 61009-1 (**VDE 0664-20**), DIN EN 61009-2-1 (**VDE 0664-21**)
RCCB/RCBO Typ B	Fehlerstrom-/Differenzstrom-Schutzschalter *mit*[**)] oder *ohne* integrierten Überstromschutz zur Erfassung von Wechsel- und Gleichfehlerströmen	DIN EN 62423 (**VDE 0664-40**)
RCCB Typ B+	Fehlerstromschutzschalter *ohne* eingebauten Überstromschutz zur Erfassung von Wechsel- und Gleichfehlerströmen für den gehobenen vorbeugenden Brandschutz	DIN VDE 0664-400
RCBO Typ B+	Fehlerstromschutzschalter *mit* eingebautem Überstromschutz zur Erfassung von Wechsel- und Gleichfehlerströmen für den gehobenen vorbeugenden Brandschutz	DIN V VDE V 0664-210
RCU/RC Units	Fehlerstrom-Auslöseeinrichtungen zum Anbau an Leitungsschutzschalter	DIN EN 61009-1 (**VDE 0664-20**), Anhang G
CBR	Leistungsschalter mit integriertem Fehlerstrom-Auslöser	DIN EN 60947-2 (**VDE 0660-101**), Anhang B
RCM [*)]	Differenzstrom-Überwachungsgeräte; lediglich zur Signalisierung von Fehlerströmen	DIN EN 62020 (**VDE 0663**)
MRCD	modulare Geräte, Fehlerstromerfassung über Wandler, Auswertung und Auslösung über Leistungsschalter	DIN EN 60947-2 (**VDE 0660-101**)
PRCD [***)]	ortsveränderliche Fehlerstromschutzeinrichtungen (RCDs) in Stecker oder Steckdosenleiste integriert	DIN VDE 0661
SRCD [***)]	ortsfeste Fehlerstromschutzeinrichtungen (RCDs), in einer Steckdose eingebaut bzw. eine Einheit mit der Steckdose	E DIN VDE 0662: 1993-08 (Entwurf)

[*)] *ähnliche Funktionsweise wie RCDs, aber können Fehler- bzw. Differenzströme nur anzeigen, nicht abschalten;*

[**)] *Schaltgeräte, die zwei Funktionen ausüben, den Fehlerstromschutz und den Überstromschutz; RCBOs dienen als Fehlerschutz, Brandschutz und zusätzlicher Schutz;*

[***)] *sind zur Schutzpegelerhöhung, aber nicht zur Realisierung einer Schutzmaßnahme mit Abschaltung nach DIN VDE 0100-410*

Tabelle 8.1 Einteilung von Fehlerstromschutzeinrichtungen (RCDs) und RCM

Merke! Nach der BGI/GUV-I 608 ist der Anschluss an Steckdosen mit unbekannter Schutzmaßnahme grundsätzlich nicht erlaubt. Der Anschluss ist nur zulässig, wenn die Verbrauchsmittel über eine zwischengeschaltete, ortsveränderliche Fehlerstromschutzeinrichtung (PRCD) – siehe Tabelle 8.1 – betrieben werden. Diese Schutzeinrichtung muss DIN VDE 0661 entsprechen, und sie überwacht zusätzlich zum Fehlerstrom

- die Spannung auf dem Schutzleiter,
- den Bruch des Schutzleiters,
- die Nennspannung auf Unterspannung,
- die Aufrechterhaltung der Schutzleiterfunktion mit Fremdspannung.

Die Fehlerstromschutzeinrichtungen (RCDs) werden auch untergliedert bzw. eingeteilt hinsichtlich ihres Auslöseverhaltens durch die Ausschaltcharakteristik bei unterschiedlichen Fehlerströmen.

Typ	Erläuterung	Kennzeichnung	Anmerkung
AC	lediglich zur Erfassung von sinusförmigen Wechselfehlerströmen geeignet	[Symbol: Sinus]	in Deutschland seit Jahren nicht erlaubt
A	erfassen neben sinusförmigen Wechselfehlerströmen auch pulsierende Gleichfehlerströme	[Symbol: Sinus, pulsierend]	üblicherweise eingesetzte pulsstromsensitive Fehlerstromschutzeinrichtung
F	erfassen wie Typ A alle Fehlerstromarten, zusätzlich Fehlerströme aus Frequenzen bis 1 kHz	[Symbol: Sinus, pulsierend] [Symbol: Frequenz]	geeignet von einphasig angeschlossenen Frequenzumrichtern, z. B. Pumpen
B	erfassen neben den Fehlerstromformen des Typs F auch glatte Gleichfehlerströme	[Symbol: Sinus, pulsierend] [Symbol: Gleichstrom]	geeignet für den Einsatz in Drehstromsystemen, nicht in Gleichspannungssystemen oder von 50 Hz abweichenden Frequenzen
B+	erfassen neben den Fehlerstromformen des Typs B auch zusätzlich Fehlerströme bis 20 kHz	[Symbol: Sinus, pulsierend] [Symbol: Gleichstrom] kHz	geeignet im hohen Frequenzbereich

Tabelle 8.2 Typen von Fehlerstromschutzeinrichtungen (RCDs)

Merke! Zum Typ AC von Fehlerstromschutzeinrichtungen (RCDs): Dieser Gerätetyp ist in Deutschland nicht zur Umsetzung der Schutzmaßnahme mit Fehlerstromschutzeinrichtung zugelassen.

Auf Baustellen werden auch einphasige Verbrauchsmittel mit Frequenzumrichtern betrieben, z. B. Rüttler oder Bohrhämmer. Bei solchen Geräten können nieder- und höherfrequente Wechselfehlerströme auftreten, die von pulsstromsensitiven Fehlerstromschutzeinrichtungen (RCDs) des Typs A nur schlecht oder unzureichend erkannt werden. Daher müssen für einphasige Verbrauchsmittel mit Frequenzumrichter mischfrequenzsensitive Fehlerstromschutzeinrichtungen (RCDs) des Typs F, B oder B+ eingesetzt werden.

Beispiel: Ein Baukran mit Frequenzumrichter gilt als Hebezeug nach DIN EN 60204-32 (**VDE 0113-32**):2009-03. Eine Fehlerstromschutzeinrichtung (RCD), Typ B übernimmt den Erdschlussschutz und den Schutz durch automatische Abschaltung.

Werden auf Baustellen zur Stromverteilung mehrere Verteilerschränke eingesetzt, sollten die verlegten Verbindungsleitungen bzw. -kabel an ihrem Einspeisepunkt mit einer selektiven Fehlerstromschutzeinrichtung (RCD) geschützt werden.

Selektivität

Das selektive Verhalten von in Reihe geschalteten Schaltgeräten, Schutzeinrichtungen oder anderen automatisch arbeitenden Betriebsmitteln reduziert im Falle einer Störung die jeweils betroffenen Anlagen auf ein Minimum. Selektivität bedeutet, dass beim Eintritt vorgegebener Kriterien nur die Einrichtung anspricht, die im Rahmen des ordnungsgemäßen Betriebs ansprechen soll. Bei in Reihe geschalteten Fehlerstromschutzeinrichtungen (RCDs) kann die Selektivität nur durch eine zeitliche Staffelung der Fehlerstromschutzschalter erreicht werden. Es sind deshalb auf der Einspeiseseite zeitverzögernde Schalter (Kennzeichnung: S) zu verwenden. Entstehen Fehlerströme in Verbrauchsmitteln, die an Fehlerstromschutzeinrichtungen (RCDs) des Typs B angeschlossen sind, können Gleichstromanteile enthalten sein, die eine Auslösung von Fehlerstromschutzeinrichtung (RCD) des Typs A verhindert. Aus diesem Grund darf der Typ B nicht hinter dem Typ A angeordnet werden, sondern es werden selektive Fehlerstromschutzeinrichtungen (RCDs) eingesetzt. Die Serienschaltung macht nur dann Sinn, wenn eine Leitung zwischen den unterschiedlichen Fehlerstromschutzeinrichtungen (RCDs), so wie oben erwähnt, vorhanden ist.

Ein zusätzlicher Hinweis bezieht sich auf die Anwendung der Fehlerstromschutzeinrichtung (RCD) bei Umgebungstemperaturen, die außerhalb der „normalen“ Temperaturen liegen. Bei der Anwendung auf Baustellen muss von einem zulässigen Bereich der Umgebungstemperaturen von –25 °C und +40 °C gerechnet werden, d. h., auf Baustellen muss die Fehlerstromschutzeinrichtung (RCD) mit einer Schneeflocke gekennzeichnet sein. Diese Fehlerstromschutzschalter umschließen den o. g. Umgebungstemperaturbereich.

Merke! Auf Baustellen sind nach BGI/GUV-I 608 generell beim Einsatz handgeführter elektrischer Verbrauchsmittel unabhängig vom Bemessungsstrom Fehlerstromschutzeinrichtungen (RCDs) mit einem Bemessungsdifferenzstrom $I_{\Delta n} \leq 30$ mA zu verwenden, denn diese bieten einen zuverlässigen Personenschutz. Je nach dem Anwendungsfall und dem elektrischen Verbrauchsmittel sind entweder pulsstromsensitive (Typ A oder F) oder allstromsensitive (Typ B oder B+) Fehlerstromschutzeinrichtungen (RCDs) einzusetzen.

Prüfungen

Elektrische Anlagen und Betriebsmittel auf Baustellen müssen regelmäßig auf ordnungsgemäßem Zustand geprüft werden, dazu Details im Kapitel 26. Die Schutzmaßnahmen mit Fehlerstromschutzeinrichtungen (RCDs) sind ebenfalls dringend zu prüfen. Dazu muss arbeitstäglich eine dafür verantwortliche Person durch Betätigung der Prüftaste des Fehlerstromschutzschalters die Funktionsprüfung durchgeführt werden. Die auf dem Schutzschalter befindliche Test-Taste wird gedrückt, der Fehlerfall simuliert, und der Fehlerstromschutzschalter sollte auslösen. Mit Betätigung der Prüftaste wird die elektromechanische Funktion des Schalters getestet. Der Schalter löst normalerweise bei Betätigung sofort aus. Wenn es sich jedoch um einen selektiven Fehlerstromschutzschalter handelt, wird die Auslösung einige Millisekunden verzögert eintreten. Diese mechanische Überprüfung durch die Test-Taste des Fehlerstromschutzschalters ist wichtig und sollte auch dokumentiert werden, aber diese Auslösung macht noch keine Aussage darüber, ob die Geräte in dem betreffenden Stromkreis richtig angeschlossen und geerdet sind und ob die vorgeschriebenen Auslösezeiten oder die Höhe des Auslösestroms eingehalten werden, sondern dazu muss eine RCD-Prüfung nach DIN VDE 0100-600 von einer Elektrofachkraft durchgeführt werden. Die Wirksamkeit der Schutzmaßnahme „Automatische Abschaltung der Stromversorgung“ ist entsprechend der DIN VDE 0100-410 nachzuweisen. Die max. Abschaltzeit beträgt für Steckdosenstromkreise bis einschließlich 32 A in TN-Systemen: 0,4 s, in TT-Systemen: 0,2 s (bei 230 V). Die automatische Abschaltung durch RCDs im Fehlerfall ist durch Erzeugung eines Differenzstroms unter Verwendung geeigneter Prüfgeräte nach DIN EN 61557-6 (**VDE 0413-6**) nachzuweisen. Die Messung der Abschaltzeit ist nicht gefordert. Zusätzlich sind die Berührungsspannung und der Erdwiderstand zu messen. In nichtstationären Anlagen ist die Prüfung auf Wirksamkeit durch eine Elektrofachkraft oder eine elektrotechnisch unterwiesene Person mindestens einmal monatlich vorzunehmen. Die Prüfung wird an jeder Steckdose des Baustromverteilers durchgeführt. Damit kann festgestellt werden, ob alle Schutzleiterverbindungen durchgängig vorhanden sind.

Auch ortsveränderliche Schutzeinrichtungen mit RCD, also PRCD, müssen geprüft und die RCD-Eigenschaften nach BGI/GUV-I 5090 erprobt werden:

- Prüfung auf Funktion der Fehlerstromschutzeinrichtung (RCD) durch Betätigung der Prüfeinrichtung (Test-Taste),
- Prüfung auf Wirksamkeit der automatischen Abschaltung der RCD (PRCD) mithilfe eines Schutzmaßnahmenprüfgeräts mit dem entsprechenden Bemessungsfehlerstrom, z. B. 30 mA.

Fehlerstromschutzeinrichtungen (RCDs)

DIN-VDE-Normen und die Unfallverhütungsvorschriften fordern auf Baustellen den Einsatz von Fehlerstromschutzeinrichtungen (RCDs), weil sie die nachgeschalteten Anlagen und Betriebsmittel ständig überwachen und dadurch verhindern, dass gefährliche Fehlerströme dauerhaft fließen können. Bei der Berührung leitfähiger Teile wird die gefährliche Berührungsspannung innerhalb von Sekundenbruchteilen abgeschaltet. Außerdem bieten sie einen wirksamen Schutz vor Bränden. Nach DIN VDE 0100-704 und BGI/GUV-I 608 sind zu schützen:

- Steckdosenstromkreise und andere Stromkreise, die in der Hand gehaltenen Verbrauchsmittel versorgen, mit einem Bemessungsstrom bis einschließlich 32 A mit Fehlerstromschutzeinrichtungen (RCDs) nicht größer als 30 mA,
- Stromkreise zur Versorgung von Steckdosen mit Bemessungsströmen über 32 A Fehlerstromschutzeinrichtungen (RCDs) mit einem Bemessungsdifferenzstrom, nicht größer als 500 mA.

Auf Baustellen kommt der Einbau der Fehlerstromschutzeinrichtungen (RCDs) in Anschlussschränken, Verteilerschränken und AV-Schränken zum Einsatz oder als ortsfeste bzw. ortsveränderliche Fehlerstromschutzeinrichtung (RCD). Als Typen können Fehlerstromschutzeinrichtungen (RCDs) A, F, B oder B+ eingesetzt werden. Für größere Baustellen können selektive Fehlerstromschutzeinrichtungen (RCDs) installiert werden, und bei der Errichtung ist auf die Umgebungstemperaturen auf Baustellen zu achten, d. h., es müssen die Geräte mit dem Kennzeichen der Schneeflocke (bis –25 °C) eingesetzt werden. Prüfung der RCD durch

- Betätigung der Test-Taste am Schutzschalter,
- Überprüfung der Wirksamkeit der automatischen Abschaltung der RCD (DIN VDE 0100-410) mithilfe von Schutzmaßnahmenprüfgeräten.

Praxistipps Fehlerstromschutzeinrichtungen (RCDs)

1. In Baustromverteilern sind für Steckdosen mit einem Bemessungsstrom bis 32 A nur Fehlerstromschutzschalter mit einem Bemessungsdifferenzstrom von 30 mA zulässig. Es gibt dazu *keinen* Bestandsschutz, d. h., nur diese Fehlerstromschutzschalter dürfen eingesetzt werden.
2. In Baustromverteilern sind normalerweise Fehlerstromschutzschalter des Typs A durch die Hersteller eingebaut. Sollte der Einsatz eines Typs F, B oder B+ für die jeweilige Baustelle nötig sein, muss der Hersteller informiert werden, oder die Elektrofachkraft muss die Auswechselung durchführen (Kapitel 3).
3. Fehlerstromschutzschalter des Typs B oder B+ dürfen nicht mit Typ A in Reihe geschaltet werden (also: Typ B nicht hinter Typ A). Problemlos ist die Reihenschaltung der Typen A, B oder F mit selektiven Fehlerstromschutzschaltern des Typs B oder B+.
4. Neben den Fehlerstromschutzeinrichtungen (RCDs) können für Überwachungsaufgaben z. B. eingesetzt werden: Differenzstrom-Überwachungsgeräte (RCMs) nach DIN EN 62020 (**VDE 0663**) oder Isolations-Überwachungsgeräte (IMDs) nach DIN EN 61557-8 (**VDE 0413-8**).

5. Empfehlungen für die Prüffrist des RCD: arbeitstägliches Auslösen mit der Prüftaste; monatliches Auslösen beim Bemessungsdifferenzstrom mit dem Prüfgerät als Teil der Prüfung der Anlage; wichtig: Dokumentation der Prüfungen.

Empfehlungen kurzgefasst: Fehlerstromschutzeinrichtungen (RCDs)

- Nach DIN VDE 0100-704 und BGI/GUV-I 608 sind Fehlerstromschutzeinrichtungen (RCDs) mit einem Bemessungsdifferenzstrom von 30 mA auf Baustellen für Steckdosen mit einem Bemessungsstrom bis 32 A zwingend vorgeschrieben.
- RCD ist eine Schutzeinrichtung, die den zu überwachenden Stromkreis sofort unterbricht, wenn der Strom z. B. in einem Störfall gegen Erde abgeleitet wird.
- Verschiedene Fehlerstromschutzschalter: siehe Tabelle 8.1.
- RCDs Unterscheidung nach Typen: auf Baustellen Typen A,F, B oder B+.
- Prüfung der RCDs auf Wirksamkeit: regelmäßig auf Baustellen vor jeder Arbeitsaufnahme.

9 Erdungsanlagen

Eine elektrisch leitfähige Verbindung zwischen elektrischen Anlagen, Betriebsmitteln und Leitungen mit dem Erdboden ist eine wichtige Voraussetzung für die Wirksamkeit der Schutzmaßnahmen. Miteinander leitend verbundene Erder und/oder Metallteile, die wie Erder wirken, und ihre zugehörigen Erdungsleiter werden insgesamt als Erdungsanlage bezeichnet. Eine gut geplante, gut errichtete und gut funktionierende Erdungsanlage ist für Baustellen von großer Bedeutung. Erst durch das Erden können Schutzeinrichtungen, wie Fehlerstromschutzeinrichtungen (RCDs), wirksam werden. Zur schnellen Übersicht sind in der **Tabelle 9.1** einige Begriffe, die mit Erdungsanlagen im Zusammenhang stehen, kurz erläutert.

Begriffe	Erläuterungen
Erde	Die Erde ist ein leitender Stoff, dessen elektrisches Potential außerhalb des Einflussbereichs von Erdern null ist. Dies wird als Bezugserde bezeichnet. Wird über den Erder einer Erdungsanlage oder anderen leitfähigen Teile ein Strom in die Erde geleitet, erhält die Erde in diesem Bereich ein von null abweichendes Potential. An der Erdoberfläche entsteht dann gegenüber der Bezugserde das Erdoberflächenpotential. Die dabei auftretende Spannung zwischen Erder und Bezugserde wird als Erdungsspannung bezeichnet. Erde ist die Bezeichnung als Ort wie auch für die Erde als Stoff, z. B. Bodenart, Lehm, Sand, Stein.
Erder	Ein Erder besteht aus leitfähigem Material und ist unmittelbar in Erde oder in ein mit Erde verbundenes Fundament eingebracht. Kennzeichnend für den Erder ist eine gute elektrische Verbindung mit der Erde.
Erdernetz	Der Teil einer Erdungsanlage, der die Erder und ihre Verbindungen untereinander umfasst.
Erdreich	Unter dem Begriff Erdreich wird die Erde als Stoff verstanden, d. h. die unterschiedlichen möglichen Bodenarten wie Gestein, Lehm, Sand, Kies.
Erderwerkstoff	Werkstoffe, aus denen die Erder hergestellt sind, müssen mechanische Festigkeit aufweisen, thermische Belastungen widerstehen, korrosionsbeständig sein.
Erdung	Alle Maßnahmen, die zum Erden getroffen werden, und alle dazu erforderlichen Betriebsmittel werden in der Gesamtheit als Erdung bezeichnet. Die Erdung ist eine elektrisch leitfähige Verbindung zwischen elektrischen Anlagen und Leitungen zum Schutz gegen Gefährdungen durch zu hohe Berührungsspannungen.
Erdungsleiter	Der Erdungsleiter (auch „Erdungsleitung") ist ein Schutzleiter, der die Haupterdungsklemme oder -schiene mit dem Erder verbindet. Schutzerdungsleiter: Leiter dienen der Erdung eines Netzpunkts, eines Betriebsmittels oder einer Anlage zum Zweck der elektrischen Sicherheit.
Erdungsstrom	Der Erdungsstrom ist der gesamte über die Erdungsimpedanz in die Erde fließende Strom. Er ist ein Teil des Erdfehlerstroms und beeinflusst die Potentialanhebung der Erdungsanlage gegenüber der Bezugserde.
Erdungswiderstand	Der Erdungswiderstand besteht aus dem Widerstand der Erdungsleitung und dem Ausbreitungswiderstand.

Begriffe	Erläuterungen
Ausbreitungs-widerstand	Widerstand der Erde zwischen dem Erder und der Bezugerde, also der dazwischen-liegenden Erde.

Tabelle 9.1 Begriffe, die mit Erdungsanlagen in Zusammenhang stehen

Aufgaben der Erdungsanlagen:

- Schutz von Personen durch zu hohe Berührungsspannungen; durch die Erdung kann erreicht werden, dass z. B. bei einem Körperschluss die Berührungsspannung bei vorher richtiger Auslegung der Erdungsanlage auf ungefährliche Werte begrenzt bleibt;
- Blitzschutz von Anlagen und Gebäuden (Tipp: Die Ausführungen von Erdungsanlagen für den Blitzschutz sind in dem Buch *Blitzplaner*, 3. Auflage, 2013 von Fa. Dehn + Söhne in hervorragender Weise dargestellt);
- Begrenzung elektromagnetischer Störungen.

Beim Errichten der Erdungsanlage sind sicherzustellen:

- Der Ausbreitungswiderstand muss den Erfordernissen des Schutzes und der Funktion der Anlage entsprechen;
- richtige Auswahl der Werkstoffe, ausreichende Bemessung, zusätzlicher mechanischer Schutz gegen äußere Einflüsse, Schutz gegen Korrosion;
- Fehler- und Erdableiterströme dürfen keine Gefahr für die Umgebung verursachen, Einflüsse durch thermische, elektrodynamische oder elektrolytische Beanspruchungen sind zu vermeiden;
- elektrisch gut leitende Verbindungen durch korrosionsgeschützte Schweiß-, Schraub- oder Klemmverbindungen.

Wirkungen der Erder

Verringerung der Spannungsbeanspruchung von elektrischen Betriebsmitteln bei atmosphärischen Überspannungen und die Spannungsbegrenzung der Außenleiter bei Erdschluss

- TN-System: Begrenzung der Fehlerspannung am PEN-Leiter auf möglichst niedrige Werte im Fehlerfall. (Tipp für die Baustelle: Es sollten möglichst alle Baustromverteiler zusätzlich geerdet werden.)
- TT-System: Vergrößerung des Erdschlussstroms zur Erleichterung der Abschaltung der Schutzeinrichtungen in Verbraucheranlagen. (Tipp für die Baustelle: Eine Erdung aller Baustromverteiler ist zwingend notwendig, damit der Schutz der Abschaltung sichergestellt werden kann.)

Tabelle 9.2 zeigt die Unterscheidung zwischen verschiedenen Erderarten.

Oberflächenerder: • Banderder, • Erder aus Rundmaterial, • Seilerder	• 0,5 m bis 1 m tief verlegen, • Erder mit Erdreich umgeben und verfestigen, • Strahlenerder: Winkel zwischen den Strahlen nicht kleiner als 60°, damit gegenseitige Beeinflussung verhindert wird
Tiefenerder: • Staberder, • Rohrerder	• bei Verwendung mehrerer Tiefenerder: gegenseitiger Mindestabstand: doppelte wirksame Länge des einzelnen Erders
Natürliche Erder: • Metallbewehrung von Beton im Erdreich • Bleimäntel und andere metallene Umhüllungen • metallene Wasserleitungen	• Verbindung der Bewehrungseisen durch Rödelverbindung ausreichend, • Verbindung der Stahlkonstruktion des Gebäudes mit der Erdungsanlage, • Verwendung der Wasserrohrnetze als Erder nur mit Einverständnis des Eigentümers, • metallene Rohrleitungen für brennbare Flüssigkeiten oder Gase dürfen *nicht* als Erder verwendet werden (siehe auch DIN VDE 0100-540), • metallene Umhüllungen als Erder nur mit Einverständnis der Betreiber
Fundamenterder	besondere Ausführungsform eines Erders, meist allseitig in Beton eingebettet; Vorteil: hochwertiger Korrosionsschutz

Tabelle 9.2 Unterteilung der Erder nach der Ausführungsform

Die bekannteste Form auf Baustellen ist der Staberder, der üblicherweise als Flussstahl, Winkelstahl, U-Stahl, T-Stahl oder Kreuzstahl senkrecht in den Boden eingebracht wird. Bei steinigem Boden ist ein Bandstahl oder ein Stahlseil als Erder, etwa 50 cm tief eingegraben, zu bevorzugen. Als Verbindungsleitung zu den Erdern ist nach DIN VDE 0100-540 ein Mindestquerschnitt von 6 mm^2 Cu festgelegt. Auf Baustellen ist jedoch mit hohen mechanischen Beanspruchungen zu rechnen, daher sollte bei einer ungeschützten Verlegung des Erdungsleiters ein Querschnitt von mindestens 16 mm^2 Cu gewählt werden. Die Erdungsleitung muss grüngelb ummantelt sein.

Wichtig für die Erdungsanlagen auf Baustellen ist die richtige Ausführung, denn es muss dauerhaft ein unter dem zulässigen Grenzwert liegender, niedriger Ausbreitungswiderstand sichergestellt sein, damit die verschiedenen Fehlerstromschutzeinrichtungen (RCDs), vgl. Kapitel 9, funktionieren. Der Grenzwert des Ausbreitungswiderstands kann im TT-System aus der zulässigen Berührungsspannung und dem Bemessungsdifferenzstrom der vorgeschalteten Fehlerstromschutzeinrichtung (RCD) berechnet werden:

$R_A \cdot I_{\Delta n} \leq U_L$.

R_A Ausbreitungswiderstand, der Widerstand eines Erders zwischen diesem Erder und der Bezugerde (Erde als Stoff),

$I_{\Delta n}$ Bemessungsdifferenzstrom,

U_L Berührungsspannung.

Bei der Berechnung ist zu beachten, dass je nach Typ der Fehlerstromschutzeinrichtung (RCD), z. B. Typ A, Typ B oder Typ B+, oder einen selektiven RCD verschiedene Auslöseströme angesetzt werden müssen. Außerdem kann sich der Widerstandswert in der Praxis durch eine Austrocknung des Erdreichs erhöhen. Daher sollte der Wert des tatsächlichen Ausbreitungswiderstands weit unterhalb des zulässigen Grenzwerts liegen, als Überschlagswert gelten etwa 65 % des zulässigen Werts. Im TN-System sollten möglichst auch geringe Ausbreitungswiderstände der Anlagenerder angestrebt werden, obwohl bei dieser Art der Erdverbindung die automatische Abschaltung der Stromversorgung im Fehlerfall nicht so gefährdet ist, weil die Abschaltung durch den Fehlerstrom, der über den direkt mit der Stromquelle verbundenen PE- und/oder PEN-Leiter erfolgt.

Zur Orientierung können mögliche Widerstandswerte in Abhängigkeit von der Bodenart und der Länge der Erder der **Tabelle 9.3** entnommen werden.

Länge des Erders in m	Lehm-, Ton- und Ackerboden	Feuchter Sand	Feuchter Kies	Trockener Sand/Kies	Steiniger Boden
Staberder 1	70	140	350	700	2 100
2	40	80	200	400	1 200
3	30	60	150	300	900
5	20	40	100	200	600
Banderder 10	20	40	100	200	600
25	10	20	50	100	300
50	5	10	25	50	150
100	3	6	15	30	90

Tabelle 9.3 Richtwerte von Ausbreitungswiderständen (Ohm) in Abhängigkeit der Länge der Erder und der Bodenart

Merke! Erdungsanlagen sind für eine sichere Stromversorgung auf Baustellen eine wichtige Grundlage, daher sollte bereits bei der Planung der Stromversorgung an die Erdungsanlage gedacht werden und die Errichtung und der Betrieb/Prüfung durch eine Elektrofachkraft durchgeführt werden. Für die Größe des Erdungswiderstands gibt es nach DIN VDE 0100-410:2007-06 keine allgemeine Festlegung mehr (früher: 2 Ω); allerdings müssen in TN-Systemen die Bedingungen der Spannungswaage erfüllt sein; im TT-System gilt die Festlegung, dass der max. zulässige Wert des Erders (Anlagenerder/Erder der Betriebsmittel) vom Abschaltstrom der Schutzeinrichtungen abhängig ist. Im IT-System gilt, dass mit R_A nicht nur der eigentliche Anlagenerdungswiderstand zählt, sondern es muss auch der

Wert des Schutzleiterwiderstands vom Körper des elektrischen Betriebsmittels bis zum Anlagenerder hinzugerechnet werden.

9.1 Erdungsanlagen bei Ersatzstromversorgungsanlagen

Das TN-System und das TT-System haben, bezogen auf die Wirksamkeit der Schutzmaßnahme Schutz durch automatische Abschaltung, den Vorteil, dass die Anzahl der durch die Ersatzstromversorgungsanlage versorgten Betriebs- und Verbrauchsmittel nicht begrenzt ist, d. h., die Größe des Netzes hinter der Ersatzstromversorgungsanlage ist beliebig. Je nach Art der angeschlossenen Verbrauchsmittel (pulssensitive, mischstromsensitive oder allstromsensitive; Kapitel 9) werden Fehlerstromschutzeinrichtungen (RCDs) der Typen A, F, B oder B+ eingesetzt. Die Verbindungsleitungen zwischen der Ersatzstromversorgungsanlage und der Fehlerstromschutzeinrichtung (RCD) sollte möglichst kurz sein, weil sie kurz- und erdschlusssicher verlegt sein muss, damit es bei einem Erdschluss nicht zu unzulässigen Potentialanhebungen am Schutzleiter kommt. Daher kann empfohlen werden, die entsprechenden Fehlerstromschutzeinrichtungen (RCDs) direkt unmittelbar an der Ersatzstromversorgungsanlage anzubringen. Im TN- bzw. TT-System muss der Generatorsternpunkt der Ersatzstromversorgungsanlage oder einer der Außenleiter über einen Betriebserder mit einem Wert von etwa 50 Ω geerdet werden, wenn eine Fehlerstromschutzeinrichtung (RCD) mit einem Bemessungsdifferenzstrom von 30 mA eingesetzt wird. Sollte eine Fehlerstromschutzeinrichtung (RCD) im TN-System nicht verwendet werden, so muss der Wert für den Betriebserder von 50 Ω nach DIN VDE 0100-410 weit unterschritten werden.

Im TT-System ist zusätzlich zum Betriebserder ein Anlagenerder zu errichten. Mit diesem Anlagenerder sind die Körper der Verbrauchsmittel über den Schutzleiter zu erden. Der Anlagenerder muss in ausreichender Entfernung (> 20 m) zum Betriebserder angeordnet sein, damit die wechselseitige Beeinflussung der Erder gering ist. Der zulässige Ausbreitungswiderstand kann auch hier nach folgender Beziehung berechnet werden:

$R_A = U_L / I_{\Delta n}$.

Bei den Fehlerstromschutzeinrichtungen (RCDs) der Typen B oder B+ muss anstelle des Bemessungsdifferenzstroms der max. Auslösestrom in die Formel eingesetzt werden. Dabei ist daran zu denken, dass eine Widerstandserhöhung durch die Bodenaustrocknung eintreten kann.

Im IT-System gelten die Anforderungen an den Erdausbreitungswiderstand als erfüllt, wenn bei nicht dauerhaft errichteten Stromerzeugungsanlagen ein Wert von 100 Ω nicht überschritten wird.

Bild 9.1 Anschluss einer Erdungsleitung an einen Staberder auf der Baustelle (Foto: *Rolf Rüdiger Cichowski*)

Empfehlungen kurzgefasst: Erdungsanlagen

- Erdungsanlagen: leitfähige Verbindungen zwischen elektrischen Anlagen, Betriebsmitteln und Leitungen zum Erdboden, damit Schutzeinrichtungen, wie Fehlerstromschutzschalter, wirksam werden können.
- Für die Errichtung wichtig: richtige Auswahl der Werkstoffe, elektrisch gut leitende Verbindungen, Schutz gegen Korrosion, möglichst geringer Ausbreitungswiderstand ($< 50\ \Omega$).
- TT-System: Eine Erdung aller Baustromverteiler ist zwingend notwendig, damit die Abschaltung im Fehlerfall sichergestellt wird.
- TN-System: Alle Baustromverteiler sollten trotz PEN-Leiter möglichst zusätzlich geerdet werden.

10 Baustromverteiler

Die Versorgung einer Baustelle mit Strom kann aus mehreren Einspeisungen erfolgen. Es ist die Einspeisung aus dem öffentlichen Netz oder auch aus einer Niederspannungs-Stromerzeugungsanlage möglich. Für die Baustelle erfolgt die Einspeisung über einen Baustromverteiler, z. B. den Anschlussschrank. Der Ort, an dem ein Anschlussschrank aufgestellt ist, wird als Schnittstelle zwischen dem Versorgungssystem und der Baustellenanlage betrachtet. Neben dem Anschlussschrank können, je nach Größe einer Baustelle, weitere Baustromverteiler als Kombinationen mit Hauptverteilerschränken, Unterverteilerschränken, Transformatorenschränken, Endverteilerschränken oder Steckdosenverteilern eingesetzt werden. Alle Baustromverteiler werden nach DIN EN 61439-4 (**VDE 0660-600-4**) hergestellt. Der Baustromverteiler bildet sozusagen die Stromquelle für die Baustelle, sodass alle in Energierichtung nachgeschalteten Betriebsmittel als eine Einheit betrachtet werden können. Auf kleinen Baustellen sind oft ein Anschlussschrank und ein Steckdosenverteiler ausreichend.

Die Norm DIN EN 61439-4 (**VDE 0660-600-4**) für Baustromverteiler gehört zur Normenreihe DIN EN 61439 (**VDE 0660-600-*x***), die die sicherheitstechnischen Anforderungen für Niederspannungsschaltanlagen beinhalten. Der Teil 1 von DIN EN 61439 (**VDE 0660-600**) beschreibt die Betriebsbedingungen, Bauanforderungen, technischen Eigenschaften und Anforderungen für Niederspannungs-Schaltgerätekombinationen. Diese Anforderungen betreffen die Konstruktion des Schaltanlagensystems und befassen sich mit

- Festigkeit von Werkstoffen,
- Schutzarten,
- Luft- und Kriechstrecken,
- Schutz gegen elektrischen Schlag,
- Einbau von Betriebsmitteln,
- Stromkreise und elektrische Verbindungen innerhalb der Schaltgerätekombinationen,
- Wärmeabfuhr,
- Anschlüsse für von außen eingeführte Leiter.

Die Baustromverteiler (BV) sind als ein Teil dieser Normenreihe in DIN EN 61439-4 (**VDE 0660-600-4**) für die Verwendung auf allen Baustellen, in Innenräumen und im Freien vorgesehen und können in Netzen bis einschließlich AC 1 000 V zum Einsatz kommen. Diese BV sind in der Regel transportabel und lassen sich versetzen, ohne sie von der Einspeisung zu trennen. Der Umfang und die Art der elektrischen Anlage auf Baustellen richten sich nach der Größe und den individuellen Besonderheiten der jeweiligen Baustelle, so muss sich auch der Baustromverteiler den Erfordernissen anpassen. Die unterschiedlichen Typen von Baustromverteilern sind in **Tabelle 10.2** dargestellt.

Begriffsdefinition des Baustromverteilers nach DIN EN 61439-4 (**VDE 0660-600-4**): 2013-09: Im Baustromverteiler sind eines oder mehrere Geräte zum Umspannen oder zum Schalten mit den zugehörigen Betriebsmitteln zum Steuern, Messen, Melden komplett zusammengebaut. Die Schutz- und Regeleinrichtungen sind ebenfalls enthalten. Dazu gehören alle mechanischen und elektrischen Verbindungen, die für die Verwendung in Innenbereichen oder im Freien notwendig sind.

Die verschiedenen Funktionen eines Baustromverteilers werden in der **Tabelle 10.1** beschrieben.

Anschlussfunktion	Eignung eines Baustromverteilers entweder an das öffentliche Verteilungsnetz, an eine Transformatorstation oder an einen Generator auf der Baustelle
Messfunktion	Eignung zum Messen und Zählen der elektrischen Energie auf der Baustelle
Verteilerfunktion	Eignung für die Verteilung und den Schutz der elektrischen Versorgung auf der Baustelle, z. B. durch Steckdosen
Transformatorfunktion	Eignung zum Bereitstellen von unterschiedlichen Spannungen durch Transformatoren oder von elektrischen Schutzmaßnahmen

Tabelle 10.1 Funktionen eines Baustromverteilers

Bild 10.1 Baustromverteiler auf der Baustelle (Foto: Berge Bau)

Anschlussschrank

Von dem Netzanschluss wird über eine Leitung (flexible Leitungen/Kabel müssen vom Typ H07RN-F sein; Mindestquerschnitt 16 mm^2 bei einer Hauptsicherung bis zu 63 A und 25 mm^2 bei > 63 A) ein Anschlussschrank auf der Baustelle versorgt (Kapitel 7). Diese kundeneigene Anschlussleitung vor der Messeinrichtung soll nach den Technischen Anschlussbedingungen (TAB) so kurz wie möglich, darf jedoch nicht länger als 30 m sein und keine lösbaren Zwischenverbindungen enthalten. Wird die Anschlussleitung mechanisch besonders beansprucht, so müssen Vorkehrungen getroffen werden:

- Verlegung im Erdreich,
- hochgelegte Leitung,
- Verlegung in einer Kabelbrücke, Schutzrohr oder einer anderen tragfähigen Abdeckung.

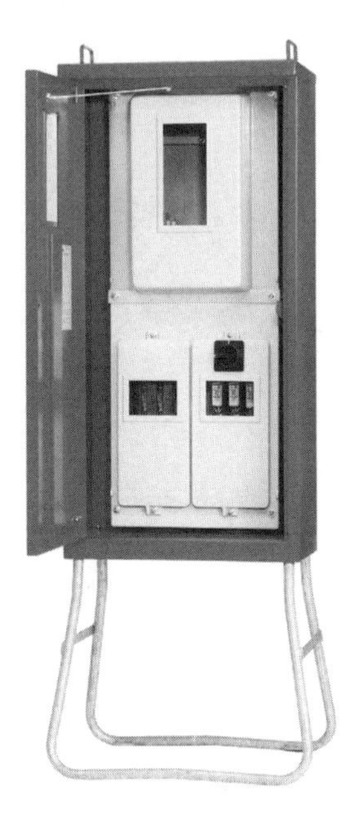

Bild 10.2 A-Schrank
(Quelle: Walther, System Bosecker)

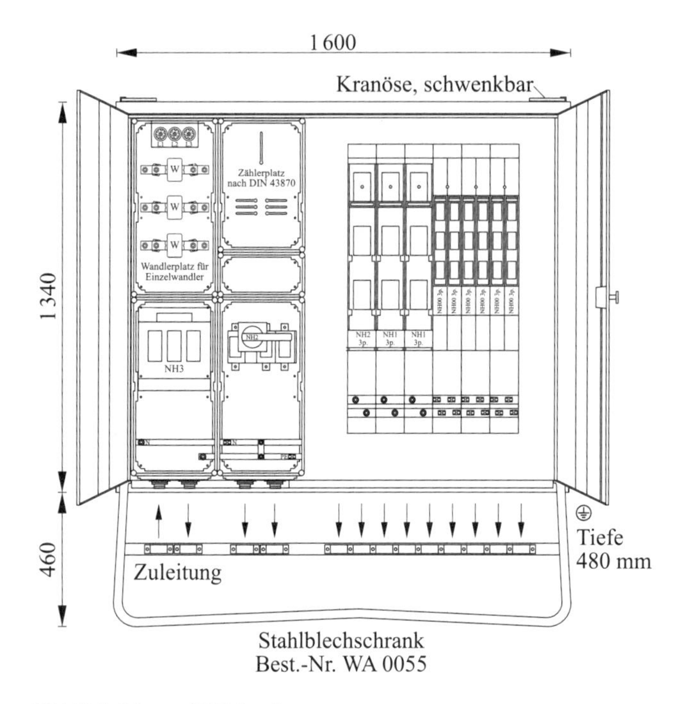

Bild 10.3 Schema AV-Schrank
(Quelle: Walther, System Bosecker)

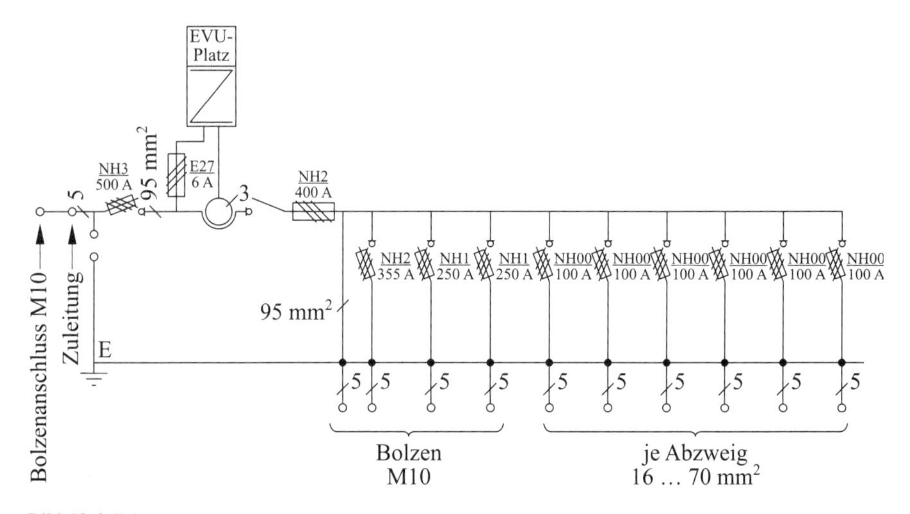

Bild 10.4 Schaltplan eines AV-Schranks

Der Anschlussschrank enthält im Wesentlichen plombierbare Anschlusssicherungen, einen Platz für den Einbau der Messeinrichtung (Zähler), Hauptsicherungen und einen oder mehrere Fehlerstromschutzschalter. Danach (Energierichtung vom Netz zum Verbraucher) wird über eine weitere Leitung ein sog. V-Schrank angeschlossen.

Verteilerschrank

Der Verteilerschrank enthält Überstromschutzeinrichtungen, Steckdosen, Fehlerstromschutzschalter und Anschlussklemmen. Der Baustromverteiler umfasst üblicherweise ein umschlossenes Abteil für die Aufnahme der Betriebsmittel, der Leitungseinführung und der Messeinrichtung. Das umschlossene Abteil muss eine eigene Zugangsmöglichkeit (Abschlussplatte, Verschlussschieber, Tür usw.) haben. Die Einrichtung für Messung und Zählung wird vom Stromversorgungsunternehmen vorgegeben oder im Einvernehmen mit ihm festgelegt. Die Betriebsmittel für den Anschluss der Einspeisekabel/-leitungen müssen Klemmen sein und sind nach dem Bemessungsstrom der Einheit zu bemessen. Ein Schaltgerät mit Trennfunktion und ein Betriebsmittel als Überstromschutzeinrichtung dürfen vorgesehen werden, vor allem, wenn das Stromversorgungsunternehmen dies verlangt.

Einrichtungen für das Schalten und für Einrichtungen zum Schutz der abgehenden Leitungen bei Überlast und Kurzschluss: Hierfür gilt, dass die Betriebsmittel zum Trennen oder Schalten, unter Last und für den Schutz bei Überstrom ebenso wie für den Schutz bei indirektem Berühren vorgesehen werden müssen. Diese Funktionen dürfen in einem oder mehreren Geräten vereinigt sein, z. B. in einem Sicherungstrennlastschalter. Das Schaltgerät mit Trennfunktion muss in der „Aus“-Stellung abschließbar sein, z. B. durch ein Vorhängeschloss oder durch Unterbringung innerhalb eines verschließbaren Gehäuses.

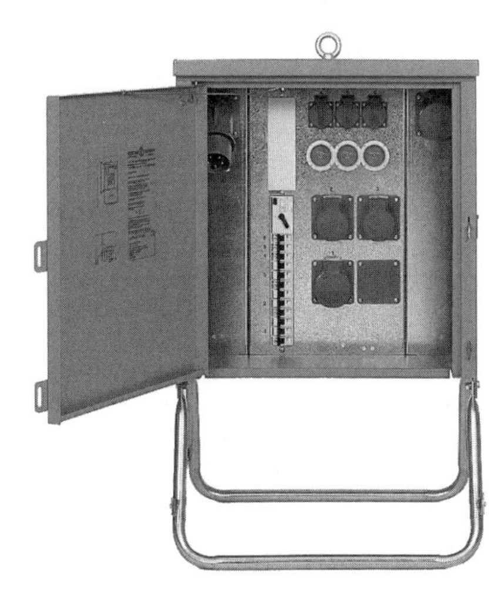

Bild 10.5 AV-Schrank
(Quelle: Elektra Tailfingen)

Außerdem muss das Schaltgerät ohne Verwendung eines Schlüssels oder Werkzeugs leicht zugänglich sein. Wenn dieses Schaltgerät auch gleichzeitig für das Trennen verwendet wird, kann die leichte Zugänglichkeit nur für den eingeschalteten Zustand erfüllt werden, da es im ausgeschalteten Zustand gegen Wiedereinschalten gesichert werden muss, z. B. absperrbarer Baustromverteiler. Die Forderung nach Einrichtungen für den Notfall, die alle aktiven Leiter von Verbrauchsmitteln im Gefahrenfall abschalten, besteht nach DIN VDE 0100-704 nicht mehr.

Für Steckvorrichtungen mit einem Bemessungsstrom > 16 A sind ausschließlich Industrie-Steckvorrichtungen (CEE-Steckvorrichtungen) nach DIN EN 60309-2 (**VDE 0623-20**) einzusetzen. Für Steckdosen in Wechselstromkreisen mit einem Bemessungsstrom von 16 A sind neben Industrie-Steckvorrichtungen auch Schutzkontakt-Steckdosen zulässig. Baustromverteiler müssen mindestens der Schutzart IP44 entsprechen, wenn die Türen geschlossen sind bzw. bei betriebsfertig eingebauten Tafeln und Abdeckungen. Belüftungs- und Entwässerungsschlitze dürfen die Schutzart nicht herabsetzen. Sind Bedienungsfronten hinter Türen angebracht, die in jeder Betriebssituation geschlossen werden können, muss dennoch mindestens die Schutzart IP21 erreicht werden.

Versorgungseinrichtungen für Sicherheitszwecke und Ersatzstromversorgungsanlagen müssen über Einrichtungen angeschlossen werden, die ein Zusammenschalten der verschiedenen Einspeisungen verhindern.

Zusammenfassend werden in **Tabelle 10.2** die Typen der Baustromverteiler dargestellt.

Merke! Für Baustromverteiler gilt die Norm DIN EN 61439-4 (**VDE 0660-600-4**): 2013-09.

10.1 Erdung der Baustromverteiler

Kurze Zusammenfassung, Details Kapitel 10.

Erdung der Baustromverteiler in TT-Systemen: Damit der Schutz durch automatische Abschaltung der Stromversorgung im Fehlerfall sichergestellt ist, müssen die Baustromverteiler geerdet werden. Wichtig ist ein niedriger Ausbreitungswiderstand. Er kann im TT-System berechnet werden aus der Berührungsspannung und dem größten Bemessungsdifferenzstrom der vorgeschalteten Fehlerstromschutzeinrichtung (RCD). Achtung bei selektiven RCDs vom Typ A: doppelten Bemessungsdifferenzstrom berücksichtigen. Achtung bei den Typen B und B+: den max. Auslösestrom innerhalb des Erfassungsfrequenzbereichs berücksichtigen (siehe auch Kapitel 9).

Bild Typ BV	Bezeichnung Typ BV
	**Anschlussschrank (A-Schrank)** Anschlussleistung von 55 kVA bis 436 kVA, Anschlusssicherung als NH-Sicherungslasttrennschalter, Zähler- und Wandlerplatz mit Aufnahmevorrichtung für Zähler und Wandler, Schutzart IP54, NH-Lasttrennschalter mit Sicherungen als Abgangssicherungen und Schalter zu den nachgeordneten Baustromverteilern
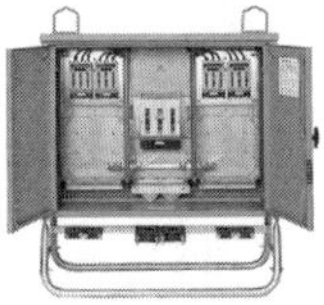	**Gruppen- und Hauptverteilerschrank (GV-HV-Schrank)** Anschlussleistung von 173 kVA bis 436 kVA, Anschlusssicherungen als NH-Sicherungslasttrennschalter oder NH-Lasttrennschalter mit Sicherungen, NH-Sicherungslasttrennschalter oder NH-Lasttrennschalter mit Sicherungen als Abzweigsicherung und Schalter zu den nachgeordneten Baustromverteilern
	**Verteilerschrank (V-Schrank)** Anschlussleistung von 24 kVA bis 277 kVA, Anschlusssicherungen als NH-Sicherungslasttrennschalter mit Steckdosen bis 125 A
	**Anschlussverteilerschrank (AV-Schrank)** Anschlussleistung von 24 kVA bis 173 kVA, Anschlusssicherungen als NH-Sicherungslasttrennschalter, Zähler- und Wandlerplatz mit Aufnahmevorrichtung für Zähler und Wandler Schutzart IP54 mit Steckdosen bis 125 A und Klemmabzweigen
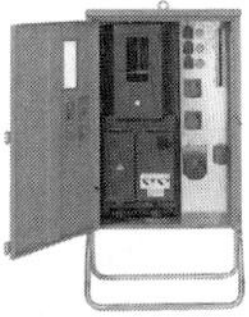	**Endverteilerschrank (EV-Schrank)** Anschlussleistung von 22 kVA bis 44 kVA, Anschluss über CEE-Gerätestecker auch mit Zwischenzähler für Untermessung mit Steckdosen bis 63 A
	**Steckdosenverteiler (SV)** Anschlussleistung von 3,6 kVA bis 22 kVA, Anschluss über CEE-Stecker mit Leitung auch mit Zwischenzähler für Untermessung mit Steckdosen bis 32 A

Tabelle 10.2 Typen der Baustromverteiler
(Quelle: Elektra Tailfingen)

Erdung der Baustromverteiler in TN-Systemen: Die automatische Abschaltung der Stromversorgung im Fehlerfall ist sichergestellt durch den Fehlerstrom, der über den direkt mit der Stromquelle verbundenen PE- und/oder PEN-Leiter fließt. Dennoch sollten möglichst alle BV zusätzlich geerdet werden, damit die Sicherheit erhöht wird.

Empfehlungen kurzgefasst: Baustromverteiler

- Baustromverteiler werden nach DIN EN 61439-4 (**VDE 0660-600-4**) hergestellt.
- Baustromverteiler enthalten Geräte für die verschiedensten Funktionen, wie für den Anschluss, die Messung, die Verteilung, die Schutz- und Regeleinrichtung und die Transformatoren.
- Die Baustromverteiler werden nach unterschiedlichen Typen unterteilt, siehe **Tabelle 10.2**.
- Als Steckvorrichtungen mit einem Bemessungsstrom bis 16 A sind Schutzkontakt-Steckdosen zulässig, bei einem Bemessungsstrom größer 16 A sind ausschließlich Industrie-Steckvorrichtungen (CEE-Steckvorrichtungen) einzusetzen.
- Baustromverteiler müssen mindestens der Schutzart IP44 entsprechen.
- Die kundeneigene Anschlussleitung vor der Messeinrichtung nicht länger als 30 m; Mindestquerschnitt 16 mm^2; Leitungstyp H07RN-F.

11 Ersatzstromversorgungsanlagen

Ersatzstromversorgungsanlagen sind netzunabhängige Stromversorgungsanlagen. Sie übernehmen die elektrische Energieversorgung von Netzteilen, Verbraucheranlagen oder einzelnen Verbrauchsmitteln nach dem Ausfall oder der Abschaltung der normalen Stromversorgung. Auch bei Nichtvorhandensein einer netzabhängigen Stromversorgung kann die Ersatzstromversorgungsanlage eingesetzt werden. Sie besteht aus dem Ersatzstromerzeuger (z. B. durch Kraftmaschinen angetriebene Generatoren, Batterien) und den zugehörigen Schaltanlagen und Hilfseinrichtungen. Die Anwendung erfolgt dort, wo elektrische Anlagen und Betriebsmittel in Verbraucheranlagen bei Ausfall der Stromversorgung aus dem öffentlichen Netz aus wichtigen Gründen weiterbetrieben werden müssen oder wenn aus dem öffentlichen Verteilungsnetz keine Versorgungsmöglichkeit besteht, wie es auf Baustellen der Fall sein kann. Wenn die benötigte Energiemenge aus dem öffentlichen Netz nicht zur Verfügung gestellt werden kann, weil die Baustelle zu weit entfernt von der nächsten Anschlussmöglichkeit liegt oder es sich um wechselnde Einsatzorte handelt, dann ist es möglich, die elektrische Energie durch Ersatzstromaggregate zu erzeugen. Ein Ersatzstromerzeuger setzt sich zusammen aus: Energiequelle, Generator, Schalt- und Steuereinrichtungen, Hilfseinrichtungen. Als Energiequelle werden Verbrennungsmotoren, Turbinen oder Elektromotoren eingesetzt.

Merke! Besondere Festlegungen für Ersatzstromerzeuger auf Baustellen sind enthalten in:

- BGI/GUV-I 600 „Auswahl und Betrieb ortsveränderlicher elektrischer Betriebsmittel nach Einsatzbereichen“,
- BGI/GUV-I 608 „Auswahl und Betrieb elektrischer Anlagen und Betriebsmittel auf Bau- und Montagestellen“,
- BGI 594 „Einsatz von elektrischen Betriebsmitteln bei erhöhter elektrischer Gefährdung“,
- DIN VDE 0100-551:2011-06 „Errichten von Niederspannungsanlagen – Niederspannungsstromerzeugungseinrichtungen“,
- DIN VDE 0100-704:2007-10 „Errichten von Niederspannungsanlagen – Baustellen“.

Literatur-Tipp: *Rosa, A.*: Projektierung von Ersatzstromaggregaten, VDE-Schriftenreihe 122, Berlin · Offenbach: VDE VERLAG, 2013

Tipps für die Projektierung, vor Einsatz der Anlage:

- Klärung der Maßnahme zum Schutz gegen elektrischen Schlag bei dem einzusetzenden Ersatzstromerzeuger,

- Feststellung der Anzahl der Verbrauchsmittel, die versorgt werden müssen,
- Berücksichtigung der Verwendung von ohmschen, induktiven oder elektronischen Verbrauchsmitteln und damit die Anforderungen an die Qualität und Stabilität der Ausgangsspannung und der Frequenz der Ersatzstromerzeuger,
- Klärung des Aufstellungsorts von Ersatzstromerzeuger mit Verbrennungsmotoren (gut belüftet),
- Berücksichtigung der Herstellerangaben für den jeweiligen Einsatz der Ersatzstromerzeuger,
- Klärung der Erdungsverhältnisse in Abhängigkeit der angewendeten Schutzmaßnahme,
- Abschätzung der Gefahrenpotenziale durch den Unternehmer (Nutzung durch Elektrofachkraft oder elektrotechnische Laien).

Basisschutz und Schutzart

Für den Schutz gegen direktes Berühren und Schutz gegen das Eindringen von Fremdkörpern und Feuchtigkeit müssen Ersatzstromerzeuger auf Baustellen innerhalb von Gebäuden mindestens der Schutzart IP43 und im Freien der Schutzart IP54 entsprechen.

Nach BGI 867 sind für den Betrieb von Ersatzstromerzeugern auf Baustellen folgende Maßnahmen zum Schutz bei indirektem Berühren (Fehlerschutz) anwendbar:

- Schutz durch automatische Abschaltung der Stromversorgung im TN- oder TT-System,
- Isolationsüberwachung im IT-System,
- Schutztrennung,
- Schutztrennung mit zusätzlicher Isolationsüberwachung,
- Schutzkleinspannung (SELV); vorrangig für Handleuchten,
- doppelte oder verstärkte Isolierung (Schutzisolierung); vorrangig für den Einsatz ortsveränderlicher Ersatzstromerzeuger und ortsveränderliche Verbrauchsmittel.

Schutz durch automatische Abschaltung der Stromversorgung:

- Voraussetzung für die Anwendung von TN- oder TT-System ist: Fehlerstromschutzeinrichtung (RCD) mit einem Bemessungsdifferenzstrom 30 mA; je nach Einsatz der Verbrauchsmittel verschiedene Typen RCDs einsetzen (siehe Kapitel 9); RCD direkt am Generator installieren, ansonsten Verbindungsleitung Generator und RCD kurz- und erdschlusssicher verlegen; außerdem muss der Generatorsternpunkt oder ein Außenleiter geerdet werden mit einem Erdausbreitungswiderstand von möglichst unter 50 Ω *(Anmerkung: gilt nur, wenn ein RCD mit 30 mA eingesetzt wird, ansonsten nach DIN VDE 0100-410 mit wesentlich geringerem Erdausbreitungswiderstand);*

- Vorteil TN- oder TT-System: Die Anzahl der durch Ersatzstromerzeuger versorgten Betriebs- und Verbrauchsmittel ist nicht beschränkt.
- Nachteil TN- oder TT-System: die erforderlichen Erder;
- Besonderheit bei Anwendung des TT-Systems: Zusätzlicher Anlagenerder muss errichtet werden, mit dem die Körper der Betriebs- bzw. Verbrauchsmittel über den Schutzleiter geerdet werden (Kapitel 10);
- Anwendung des IT-Systems auf Baustellen hat den Vorteil: Beim ersten Fehler muss nicht automatisch abgeschaltet werden, aber unter der Voraussetzung, dass eine akustische oder optische Meldung auslöst, die auch überwacht wird. Tritt ein zweiter Fehler ein, so muss auf jeden Fall automatisch abgeschaltet werden (durch Überstrom- oder Fehlerstromschutzeinrichtungen, RCDs); siehe Kapitel 8.1.2.1.

Schutztrennung bei Ersatzstromerzeugern:

- Nach DIN VDE 0100-410 darf bei der Anwendung der Schutztrennung nur ein Verbrauchsmittel an einen Trenntransformator oder an eine Sekundärwicklung eines Transformators angeschlossen werden, dies gilt auch bei Ersatzstromerzeugern.
- Ein nachgeschalteter Verteiler mit mehreren Steckvorrichtungen ist nicht erlaubt.

Merke! Für die Schutzmaßnahme Schutztrennung bei Ersatzstromerzeugern ist keine Erdung des Stromerzeugers oder der Verbrauchsgeräte erforderlich, daher ist auch für elektrotechnische Laien diese Schutzmaßnahme gut einzusetzen. Aber es ist wichtig, darauf hinzuweisen, dass der Anschluss von mehreren Verbrauchsmitteln nicht zulässig ist, auch dann nicht, wenn der Ersatzstromerzeuger z. B. zwei Steckvorrichtungen enthält. Ausnahmen: siehe Schutztrennung mit mehreren Verbrauchsmitteln.

Schutztrennung mit mehreren Verbrauchsmitteln

In der Praxis auf Baustellen kann es immer wieder vorkommen, dass die Schutztrennung angewendet werden soll, obwohl nicht nur ein Verbrauchsmittel, sondern mehrere Verbrauchsmittel angeschlossen werden sollen. Dazu erforderliche Voraussetzungen bzw. Bedingungen:

- nach DIN VDE 0100-410 ist dies zulässig, wenn ausschließlich die Anlagen durch Elektrofachkräfte oder elektrotechnisch unterwiesene Personen betrieben und überwacht werden. Diese Voraussetzung lässt sich auf Baustellen schwer bzw. nicht erfüllen.
- Nach BGI 867 ist beim Betrieb von Ersatzstromerzeugern auf Baustellen der Anschluss mehrerer Verbrauchsmittel unter der Bedingung möglich, dass alle Körper der angeschlossenen Betriebsmittel mit einem ungeerdeten Potentialausgleichsleiter verbunden sind. Der Isolationswiderstand (bei < 100 Ω/V automatische Abschaltung innerhalb 1 s) zwischen aktiven Teilen und dem ungeerdeten

Potentialausgleichsleiter wird durch eine Isolationseinrichtungseinrichtung überwacht.

Schutz durch Kleinspannung SELV oder PELV:

- Vorteil: Die Anwendung der Kleinspannung bietet auf Baustellen einen sehr guten Schutz für den Basis- (mindestens Schutzart IP2X oder IPXXB) und Fehlerschutz.
- Nachteil: kann nur bei relativ geringen Leistungen angewendet werden, also auf der Baustelle für z. B. Sicherheitszwecke.

Empfehlungen kurzgefasst: Ersatzstromversorgungsanlagen

- Schutzart auf Baustellen in Gebäuden mindestens IP43, im Freien IP54.
- Schutzmaßnahmen Fehlerschutz: automatische Abschaltung im TN- oder TT-System; Isolationsüberwachung im IT-System; Schutztrennung; Schutzkleinspannung; doppelte oder verstärkte Isolierung.
- Vorteil TN- und TT-System: Die Anzahl der an den Ersatzstromversorger angeschlossenen Verbrauchsmittel ist nicht beschränkt, im Gegensatz zur Schutztrennung, bei der nur ein Verbrauchsmittel an einen Transformator angeschlossen werden darf.
- Nachteil TN-, TT-System: die erforderlichen Erder.
- Vorteil der Kleinspannung SELV oder PELV: guter Schutz für Basis- und Fehlerschutz.
- Nachteil Kleinspannung SELV oder PELV: nur verwendbar für kleinere Leistungen, z. B. für Sicherheitszwecke.

12 Schaltanlagen und Verteiler

Die Schaltanlage ist eine Kombination von Schaltgeräten mit Mess-, Steuer-, Regel-, Melde- und Schutzeinrichtungen und den dazugehörenden elektrischen und mechanischen Verbindungen, Zubehör, Kapselungen und tragenden Gerüsten. Sie können elektromechanische sowie elektronische Betriebsmittel enthalten.

Schaltanlagen sind nach den für sie geltenden Normen herzustellen. Dabei handelt es sich um fabrikfertige, typgeprüfte Schaltanlagen und Verteiler oder um Schaltanlagen, die aus typgeprüften und/oder nicht typgeprüften, fabrikfertigen Baugruppen zusammengesetzt werden und deren Anforderungen nach den Normen nachzuweisen sind.

Als fabrikfertige Schaltanlagen gelten Anlagen, die im Werk als Transporteinheit unter der Verantwortung des Herstellers häufig in großen Stückzahlen gefertigt und geprüft werden. Kennzeichnend sind gleiche elektrische und mechanische Bestandteile in gleicher Anordnung und mit gleichen Typbezeichnungen. Sie werden üblicherweise typgeprüft und tragen die Bezeichnung TSK („Typgeprüfte Schaltgerätekombination"). Soweit neben den typgeprüften auch nicht typgeprüfte Baugruppen verwendet und für die fertiggestellte Anlage die in den Normen enthaltenen Anforderungen erfüllt werden, handelt es sich um partiell typgeprüfte Schaltgerätekombinationen (PTSK).

Schaltanlagen, die auf Bau und Montagestellen eingesetzt werden, müssen mindestens nach der Schutzart IP43 ausgelegt sein. Die elektrischen Anlagen müssen durch Schaltgeräte freigeschaltet werden können, also eine zentrale Einrichtung haben, die während des Betriebs jederzeit frei zugänglich sein muss. Für das nicht betriebsmäßige Schalten dürfen nach DIN VDE 0100-530 auch Fehlerstromschutzeinrichtungen (RCDs) verwendet werden (Kapitel 9).

In der DIN VDE 0100-704 ist gefordert, dass die Baustromverteiler Einrichtungen zum Schalten und Trennen der Einspeisung enthalten. Auch nach der BGI/GUV-I 608 muss die elektrische Anlage der Baustelle durch Schaltgeräte freigeschaltet werden können. Die Schaltgeräte müssen betriebsmäßig so ausgelegt sein, dass alle aktiven Leiter gleichzeitig abgeschaltet werden. Schalthandlungen werden durchgeführt, um dadurch den Schaltzustand von elektrischen Anlagen zu ändern. Es gibt zwei Möglichkeiten, den Schaltzustand zu ändern, einmal das betriebsmäßige Ein- und Ausschalten von Anlagen und zum anderen das Ausschalten und Wiedereinschalten von Anlagen im Zusammenhang mit der Durchführung von Arbeiten.

Ausschaltung für mechanische Wartung

Zweck der Schaltung ist es, Betriebsmittel abzuschalten, um Gefahren zu verhüten, die während nicht elektrischer Arbeiten an ihnen auftreten können.

Not-Aus-Schaltung

Zweck der Schaltung ist es, Gefahren, die unerwartet auftreten können, so schnell wie möglich zu beseitigen. Eine Not-Aus-Einrichtung war früher auf Baustellen gefordert, nach der DIN VDE 0100-704:2007-10 ist die Forderung nach dieser Einrichtung entfallen.

Not-Halt

Zweck der Schaltung ist es, eine Bewegung anzuhalten, die gefährlich geworden ist.

Betriebsmäßiges Schalten

Zweck der Schaltung ist es, die Stromversorgung für eine elektrische Anlage im normalen Betrieb einzuschalten oder zu verändern (Kapitel 17 und 18).

Empfehlungen kurzgefasst: Schaltanlagen und Verteiler

- Auf Baustellen muss nach DIN VDE 0100-704 und BGI/GUV-I 608 zentral freigeschaltet werden können,
- Schaltanlagen nach Schutzart IP43.

13 Kabel und Leitungen

Die Verbindung zwischen einzelnen Elementen der Baustromversorgung sowie dem Endverbraucher erfolgt mit Kabeln und Leitungen. Diese dienen zur Übertragung elektrischer Energie oder als Steuerkabel oder -leitungen für Mess-, Steuer-, Regel- und Überwachungsaufgaben in elektrischen Anlagen. Es wird zwischen Kabeln und Leitungen unterschieden. Generell kann man sagen, dass Kabel stärker isoliert und thermisch belastbarer sind als Leitungen. Während Kabel vor allem zur Stromverteilung in Netzen der Energieversorgungsunternehmen, der Industrie und im Bergbau eingesetzt werden, finden Leitungen im Allgemeinen für Verdrahtungen in Geräten, für Installationszwecke oder zum Anschluss beweglicher und ortsveränderlicher Geräte und Betriebsmittel Verwendung. Ein weiterer Unterschied zwischen Kabeln und Leitungen besteht darin, dass Leitungen nicht dauerhaft in der Erde verlegt werden, Kabel jedoch immer fest zu verlegen sind. Als grobes Unterscheidungsmerkmal dient also der Verwendungszweck. Flexible Bauarten, wie sie auf Baustellen eingesetzt werden, zählen zu den Leitungen. Darüber hinaus sind die Gerätebestimmungen (z. B. DIN VDE 0700), die Errichtungsbestimmungen (z. B. DIN VDE 0100) oder die zu erwartenden Betriebsbeanspruchungen maßgebend, ob Kabel oder Leitungen zu verwenden sind.

In vielen Fällen sind durch die Verwendung moderner Isolier- und Mantelwerkstoffe konstruktive Unterscheidungsmerkmale nicht mehr erkennbar. Für die Auswahl der Kabel und Leitungen gelten die Normen der Gruppe 500 von DIN VDE 0100, insbesondere DIN VDE 0100-520.

13.1 Anforderungen an die Bauarten

Auf Baustellen sind an Kabeln und Leitungen besonders hohe Beanspruchungen durch die Klimabedingungen, wie Feuchtigkeit, wechselnde Temperaturschwankungen und mechanische Einflüsse, zu erwarten. Daher werden in der „Baustellen-Norm" DIN VDE 0100-704 und in der Unfallverhütungsvorschrift BGI/GUV-I 608 flexible Leitungen vom Typ H07RN-F oder gleichwertige Leitungen gefordert, die beständig sind gegen Abrieb oder Wasser. Bei ganz besonderen Anforderungen sind Leitungen von noch höherwertiger Bauart, z. B. NSSHöu zu verwenden. Auch Netzanschlussleitungen von Verbrauchsmitteln, z. B. handgeführte Elektrowerkzeuge, müssen dem Typ H07RN-F oder H07BQ-F entsprechen, bis auf eine Ausnahme: Bei einer Leitungslänge der Anschlussleitung von bis zu 4 m ist als Bauart auch der Typ H05RN-F oder H05BQ-F zulässig. Dies allerdings nur, wenn die Gerätenorm für das Verbrauchsmittel *nicht* die Bauart H07RN-F fordert. Kunststoffschlauchleitungen mit PVC-Umhüllung oder Gummischlauchleitungen vom Typ H05RR-F sind in keinem Fall auf Baustellen zugelassen.

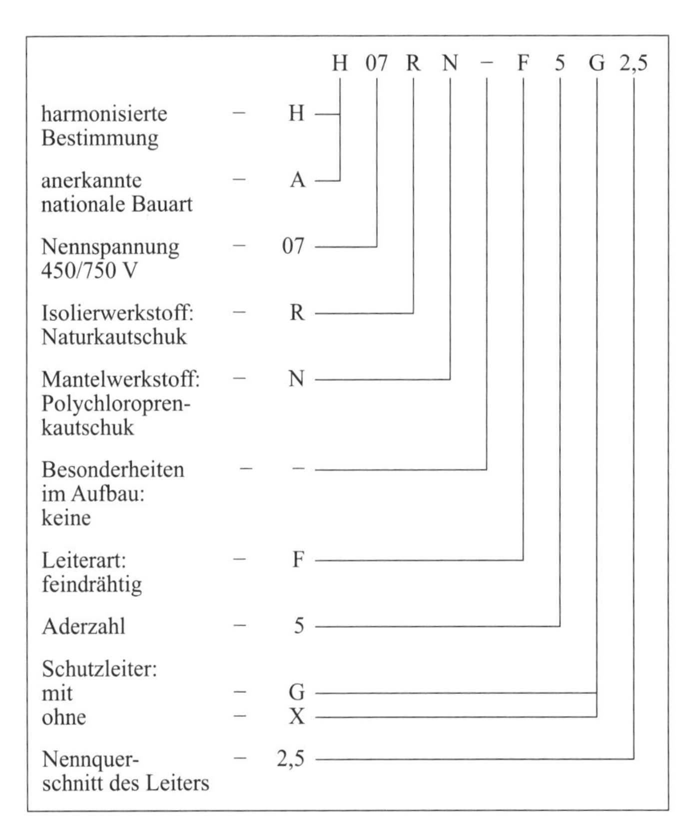

Bild 13.1 Bedeutung der Kurzzeichen der für Baustellen einzusetzenden flexiblen Leitung H07RN-F

Der Einsatz von flexiblen Leitungen

Nach DIN VDE 0100-520:2013-06 dürfen flexible Leitungen für das feste Verlegen verwendet werden (unter Einhaltung der DIN VDE 0298-300). Empfehlung für die feste Verlegung von flexiblen Leitungen ist die Verlegung in einer Umhüllung, die mechanischen Schutz bietet. Ortsveränderliche Betriebsmittel *müssen* mit flexiblen Leitungen angeschlossen werden, d. h., damit ist für einen Großteil der elektrischen Betriebsmittel die Leitungsart klar. Ortsfeste Betriebsmittel *können* grundsätzlich direkt mit der festverlegten Leitung oder dem Kabel verbunden werden. Aber es gibt auch Ausnahmen. Es *müssen* auch ortsfeste Betriebsmittel mit flexiblen Leitungen angeschlossen werden, wenn diese Betriebsmittel:

- zum Zweck des Anschließens, Reinigens oder ähnlicher Tätigkeiten vorübergehend von ihrem Befestigungsort entfernt werden müssen,
- bei bestimmungsgemäßem Gebrauch in begrenztem Ausmaß Bewegungen ausgesetzt sind,
- infolge von Vibrationen die Gefahr des Leiterbruchs besteht.

Hinweis zum Querschnitt der Leitungen: Auf Baustellen ist mindestens ein Querschnitt von 1,5 mm^2 zu empfehlen. Nach DIN VDE 0100-520:2013-06 ist für die feste Verlegung von Kabeln und Leitungen ein Mindestquerschnitt von 1,5 mm^2 Cu gefordert, und für bewegliche Verbindungen muss sich nach der entsprechenden Betriebsmittelnorm gerichtet werden.

In der **Tabelle 13.1** sind zulässige und häufig verwendete Kabel und Leitungen auf Baustellen enthalten.

Harmonisierter Typ	Art der Leitung	Alte Bezeichnung	Bemerkungen
H05RN-F A05RRT-F	mittlere Gummischlauchleitung	NMH	Diese Leitungen sind nicht geeignet für die ständige Verwendung im Freien. Daher Werkzeuge mit diesen Anschlussleitungen auf Baustellen nicht verwenden.
H07RN-F A07RRT-F	schwere Gummischlauchleitung	NMHöu (sehr alte Bezeichnung)	Für mittlere mechanische Beanspruchung anwendbar, auch auf Baustellen und für Verlängerungen.
H05BQ-F H07BQ-F	EPR-isolierte Schlauchleitung mit Polyurethanmantel		In Fällen, bei denen die Leitung hohen Zug- und Abriebbeanspruchungen ausgesetzt ist.
	schwere Gummischlauchleitungen	NSSH NSSHÖU NSSHKCGEÖU NSSHCÖU	Für hohe mechanische Beanspruchung.
	Mantelleitung	NYM	Nur für feste Verlegung, wegen geringer Ozonbeständigkeit nur bedingt im Freien einsetzbar.
	Kabel	NYY	Nur für feste Verlegung.
	Kabel	NYCWY	Kabel mit konzentrischem Leiter (Schutzleiter oder Schirm) nur für feste Verlegung.
	PVC-Mantelleitungen	NYMZ	Leitungen für den Einsatz bei selbsttragender Aufhängung.
	geschirmte Gummischlauchleitung	NSHCÖU	Für die Verwendung bei hohen mechanischen Beanspruchungen in feuchten, nassen Räumen und im Freien, wenn eine elektrische Schirmung notwendig ist.

Tabelle 13.1 Zulässige und häufig verwendete Kabel und Leitungen auf Baustellen

13.2 Auswahl und Errichtung von Kabel- und Leitungsanlagen nach den Umgebungseinflüssen

Für die Auswahl und die Errichtung von Kabel- und Leitungsanlagen gilt auch auf Baustellen die DIN VDE 0100-520. Die dort angegebenen Anforderungen an Umgebungseinflüssen sollen kurz genannt sein.

Umgebungstemperatur

Die Anlagen müssen so ausgewählt sein, dass sie für jede Temperatur zwischen der höchsten und niedrigsten örtlichen Umgebungstemperatur geeignet sind. Die zulässige Grenztemperatur für die Leitung darf weder im bestimmungsgemäßen Gebrauch noch im Fehlerfall überschritten werden.

Äußere Wärmequellen

Zum Schutz der Kabel und Leitungen gegen schädliche thermische Einwirkungen äußerer Wärmequellen sind wirksame Maßnahmen zu ergreifen, wie ausreichender Abstand von der Wärmequelle oder örtliche Verstärkung des Isoliermaterials (z. B. hitzebeständige Isolierschläuche). Die Wärmeeinwirkung kann auf der Baustelle z. B. durch starke Sonneneinstrahlung oder Konvektion von Wärmegeräten erfolgen.

Auftreten von Wasser oder hoher Feuchtigkeit

Wasseransammlungen oder Kondensation von Wasser muss für Leitungen durch entsprechende Vorkehrungen verhindert werden.

Auftreten von festen Fremdkörpern

Beschädigungen durch Fremdkörper müssen verhindert werden; es muss der Zustand nach der IP-Schutzart, die für den jeweiligen Ort auf der Baustelle gilt, erfüllt sein. Staub kann auf der Baustelle in großem Maße anfallen, daher müssen Maßnahmen gegen das Ansammeln von Staub oder ähnlichen Stoffen auf die Kabel- und Leitungsanlage verhindert werden, damit die Wärmeableitung der Betriebsmittel nicht behindert wird.

Bild 13.2 Staubansammlung auf einem Verteiler
(Foto: Berge Bau)

Mechanische Beanspruchung

Mechanische Beanspruchung ist auf ein Minimum zu beschränken durch die Auswahl des Errichtungsorts oder zusätzlich lokalen bzw. umfassenden mechanischen Schutz. Wichtig ist, dass auch die Anschlüsse an die Betriebsmittel geschützt werden. Die Zugspannung auf ein Kabel sollte

- 50 N/mm² für flexible Kabel/Leitungen während der Verlegung,
- 15 N/mm² für flexible Kabel/Leitungen bei gleichbleibender Zugbelastung und für nicht flexible Kabel/Leitungen im Betrieb in fest installierten Stromkreisen

nicht überschreiten.

Auftreten von korrosiven oder verschmutzenden Stoffen

Das Auftreten von korrosiven oder verschmutzenden Stoffen muss verhindert werden, z. B. durch schützende Bänder, Anstriche oder Fette.

Beanspruchungen durch Schwingungen

Besonders ist die Verbindung zu schwingenden Betriebsmitteln zu beachten durch lokale Maßnahmen, wie flexible Leitungen.

13.3 Verlegen von Kabeln und Leitungen

Im rauen Baustellenbetrieb sind Kabel- und Leitungsanlagen stark gegen Beschädigungen gefährdet, daher muss der Errichtung und dem Betrieb dieser elektrischen

Anlagen und Betriebsmittel hohe Aufmerksamkeit zukommen. In der DIN VDE 0100-704, der DIN VDE 0100-520 und der BGI/GUV-I 608 sind Anforderungen an die Verlegung von Kabeln und Leitungen gestellt, die nachfolgend zusammengefasst werden:

- Kabel und Leitungen sollten auf Baustellen Verkehrs- oder Gehwege möglichst nicht kreuzen, damit Beschädigungen vermieden werden;
- bei oberirdisch verlegten und frei gespannten Kabeln und Leitungen und bei unvermeidlichen Kreuzungen von Verkehrswegen muss ein ausreichender Schutz gegen mechanische Beschädigungen sichergestellt werden;
- Kabel und Leitungen gelten als mechanisch geschützt, wenn sie hochgehängt, mit festem Material abgedeckt oder in Schutzrohren verlegt worden sind;
- bei frei gespannten Leitungen oberhalb von Fahrbahnen ist eine Höhe von mindestens 6 m einzuhalten;
- der Biegeradius muss so ausgewählt werden, dass keine Beschädigungen der Leitungen und deren Anschlüsse möglich sind;
- fest in Wänden bzw. auf Wänden verlegte Kabel und Leitungen müssen waagerecht, senkrecht oder parallel zu den Raumkanten geführt werden; sie sollten durch geeignete Maßnahmen in Abständen gestützt werden, damit sie durch ihr Eigengewicht nicht beschädigt werden (als empfohlene Richtwerte gelten bei waagerechter Verlegung Schellenabstände von etwa 80 cm; bei senkrechter Verlegung etwa 1,5 m);
- in Erde verlegte Kabel (Leitungen nicht in Erde verlegen!) müssen gegen mechanische Beschädigung geschützt werden oder in einer Tiefe von 0,6 m, unterhalb von Fahrbahnen mindestens 0,8 m unter der Erdoberfläche verlegt werden; sie sind mit Kabelformsteinen oder anderen Abdeckungen im Erdreich zu schützen und mit Bändern zu kennzeichnen;
- um Beschädigungen der Kabel durch Erdarbeiten zu verhindern, muss die Kabelführung auf der Baustelle vollständig kenntlich gemacht werden;
- Umhüllungen und Befestigungsmaterial dürfen keine scharfen Kanten aufweisen;
- dort, wo Bewegungen entstehen können, müssen die Kabel und Leitungen sich diesen Bewegungen anpassen können, z. B. flexible Leitungen;
- Gummischlauchleitungen dürfen nicht im Erdreich verlegt werden, weil sie sich unzulässig erwärmen könnten und sie nicht ausreichend gegen Feuchtigkeit geschützt sind.

13.4 Leitungsroller

Leitungsroller dienen dem Auf- und Abrollen einer angeschlossenen Leitung mit Steckvorrichtungen zum Anschluss mehrerer Geräte. Sie werden auch gelegentlich mit den Begriffen Kabeltrommel oder Kabelroller bezeichnet. Nach den VDE-Bestimmungen muss der Leitungsroller eine Überhitzungsschutzeinrichtung haben. Durch diese Festlegung soll eine übermäßig hohe Temperatur im Leitungsroller und insbesondere in der Leitung verhütet werden. Eine solche Überlastschutzeinrichtung muss, je nach Art der verwendeten Leitung, mindestens einpolig, bei Drehstrom mindestens dreipolig schalten. Bei der Prüfung geht man von einer Temperatur von 60 °C (Gummileitungen) und 70 °C (PVC-Leitungen) an der wärmsten Stelle des Wicklers aus. Leitungsroller, die eine solche Überhitzungsschutzeinrichtung eingebaut haben, entsprechen den elektrotechnischen Regeln.

Auf Baustellen müssen Leitungsroller für industrielle Anwendungen nach DIN EN 61316 (**VDE 0623-100**) eingesetzt werden.

Sie weisen zusätzliche Merkmale auf:

- Schutzklasse II und erfüllen damit die Anforderungen für Betriebsmittel mit verstärkter oder doppelter Isolierung (Kapitel 8.1.2.3);
- der Tragegriff, das Trommelgehäuse und der Kurbelgriff bestehen aus Isolierstoff oder sind durch Isolierstoff umgeben/umhüllt;
- Trommeln aus Stahlblech sind auf Baustellen nicht zulässig;
- mindestens Schutzart IP44;
- als Leitungen sind nur Schlauchleitungen der Typen H07RN-F oder H07BQ-F bzw. gleichwertige Ausführungen zugelassen;
- Ausrüstung mit einer integrierten Schutzeinrichtung gegen übermäßige Erwärmung, z. B. Thermoschutzschalter;
- Ausrüstung mit Schutzkontakt-Steckdosen für erschwerte Bedingungen, d. h. Hammersymbol;
- Eignung für tiefe Temperaturen bis –25 °C und +40 °C; Symbol: Schneeflocke;
- werden Verbrauchsmittel mit einer elektrischen Leistung von zusammen mehr als 1 000 W angeschlossen, so ist der Leitungsroller im abgewickelten Zustand zu benutzen;
- der Betrieb des Leitungsrollers muss in aufrechter, stehender Gebrauchslage erfolgen und nicht liegend zwischen anderen Gebrauchsgütern;
- Anforderungen gelten in gleicher Weise für Wechsel- und Drehstromausführungen;
- Leitungsroller, ausgelegt für den privaten Gebrauch, sind auf Baustellen unzulässig.

Bei Leitungsrollern müssen gekennzeichnet sein:

- Betriebsbemessungsspannung,
- Symbol für Stromart,
- entweder Name, Handelsname oder Identifikation des Herstellers,
- Typzeichen,
- Symbol für den Schutzgrad,
- Anweisung, die deutlich angibt, wie die Auslöser zurückzustellen sind,
- höchste Belastung, die an die Steckdosen angeschlossen werden darf in Watt für vollständig aufgewickelte und vollständig abgewickelte Leitung, mit Spannungsangaben.

Die Kennzeichnung muss dauerhaft und eindeutig sichtbar sein.

***Merke!* Anforderungen an Leitungsroller für den Einsatz auf Baustellen**

Teile oder Funktion des Leitungsrollers	Anforderung
nach Norm gebaut	DIN EN 61316 (**VDE 0623-100**)
Schutzklasse	II
Material: Tragegriff, Trommel und Kurbelgriff	Isolierstoff oder umhüllt mit Isolierstoff
Leitungen	H07RN-F oder gleichwertige
Schutzeinrichtung gegen übermäßige Erwärmung	Thermoschutzschalter
Schutzkontakt-Steckdosen	erschwerte Bedingungen; Hammersymbol
Umgebungstemperaturen	–25 °C bis +40 °C
Gebrauch	aufrechte, senkrechte Gebrauchslage
Anschluss mehrerer Verbrauchsmittel > 1 000 W	Leitungsroller im abgewickelten Zustand der Leitung benutzen

13.5 Schutz gegen zu hohe Erwärmung von Kabeln und Leitungen

Auch auf Baustellen muss eine zu hohe Erwärmung der Kabel und Leitungen verhindert werden, d. h., die Elektrofachkraft muss bei der Errichtung entsprechende Einflussfaktoren bei der Bemessung berücksichtigen. In der Norm DIN VDE 0100-704 und der Unfallverhütungsvorschrift BGI/GUV-I 608 werden keine gesonderten Anforderungen an die Belastbarkeit gestellt. Somit gelten bei der Auswahl der Kabel- und Leitungsanlagen u. a. DIN VDE 0100-520:2013-06, DIN VDE 0100-430:2010-10 und DIN VDE 0298-4:2013-06. In den Normen ist festgelegt, dass Kabel und Leitungen gegen zu hohe Erwärmung durch Überstromschutzeinrichtungen geschützt werden müssen, die sowohl durch betriebsmäßige Überlastung als auch durch

Kurzschluss auftreten kann. Die Belastbarkeit (Kurzbezeichnung für Strombelastbarkeit) ist unter Berücksichtigung einiger Einflussgrößen nach DIN VDE 0298-4 zu ermitteln, wie Querschnitt der Adern, Leitermaterial, Leitungsart, Verlegeart, Umgebungstemperatur, Betriebs- und Belastungsart. Die Tabelle 13 (neu überarbeitet) von DIN VDE 0298-4:2013-06 enthält Belastbarkeitswerte von flexiblen Leitungen, so wie sie auf Baustellen eingesetzt werden (zwei Beispiele: Verlegeart frei in der Luft; fünfadrige Leitung; drei belastete Adern; Umgebungstemperatur 30 °C bzw. 60 °C; zulässige Betriebstemperatur am Leiter 60 °C und 90 °C; bei einem Nennquerschnitt, Kupferleiter von 2,5 mm² eine Belastbarkeit von 23 A; bei einem Nennquerschnitt, Kupferleiter von 16 mm² eine Belastbarkeit von 71 A).

Bei notwendiger, detaillierter Betrachtung zu diesem Thema sei auf die entsprechenden Normen und die im Anhang angegebene Literatur verwiesen.

13.6 Ermittlung der zulässigen Längen

Die Berechnung der max. zulässigen Leitungslängen nach DIN VDE 0100-430 beruht auf DIN EN 60909 (**VDE 0102**) „Kurzschlussstromberechnung“ und ist bei der Errichtung von Starkstromanlagen zu beachten. Die Impedanz des Stromkreises und damit die Leitungs- bzw. Kabellänge ist begrenzt durch den Schutz bei indirektem Berühren, Schutz bei Kurzschluss und bei Begrenzung des Spannungsfalls. Auf Baustellen sind die Grenzlängenbetrachtungen selten notwendig. Daher sei hierzu bei Bedarf auf die Normen DIN EN 60909 (**VDE 0102**), DIN VDE 0100-430 und DIN VDE 0100-520 verwiesen. Außerdem ein Literaturhinweis an dieser Stelle: Im Anhang des Buchs „*Kiefer, G.*; *Schmolke, H.*: VDE 0100 und die Praxis, 15. Auflage. Berlin · Offenbach: VDE VERLAG, 2014“ findet der Leser ausführliche Tabellenwerte zu der Berechnung der max. zulässigen Leitungslängen in Abhängigkeit von verschiedenen Parametern, auch Angaben zu max. zulässigen Leitungslängen unter Berücksichtigung des Spannungsfalls (DIN VDE 0100 Beiblatt 5).

Empfehlungen kurzgefasst: Kabel und Leitungen

- Für die Auswahl gelten die Normen der Gruppe 500 von DIN VDE 0100, insbesondere DIN VDE 0100-520:2013-06,
- auf Baustellen werden flexible Leitungen vom Typ H07RN-F oder gleichwertige Leitungen gefordert; Ausnahme: Bei einer Anschlussleitung von einer Länge bis zu 4 m kann der Typ H05RN-F eingesetzt werden,
- für die Verlegung von flexiblen Leitungen auf Baustellen: in einer Umhüllung, die mechanischen Schutz bietet,
- Querschnitt der Leitungen: mindestens 1,5 mm²,

- bei der Auswahl ist auf folgende Einflüsse zu achten: Umgebungstemperatur, äußere Wärmequellen, Auftreten von Wasser oder hoher Feuchtigkeit, Auftreten von Fremdkörpern, mechanische Beanspruchung, Auftreten von korrosiven bzw. verschmutzenden Stoffen; Kapitel 14.2,
- Verlegen von Kabel und Leitungen: Leitungen nicht in Erde verlegen; Kabel in einer Tiefe von 0,6 m, unter Fahrbahnen 0,8 m; Kapitel 14.3,
- Leitungsroller: Trommeln aus Stahlblech sind auf Baustellen nicht zulässig; Schutzart IP44; Leitungen der Typen H07RN-F oder H07BQ-F oder gleichwertig; Thermoschutzschalter; Kapitel 14.4,
- Kabel und Leitungen sind gegen zu hohe Erwärmung durch Überstromschutzeinrichtungen zu schützen, es gelten aber auf Baustellen keine gesonderten Anforderungen,
- Ermittlung der zulässigen Kabel- und Leitungslängen: DIN VDE 0100 Beiblatt 5.

14 Installationsmaterial

Auf Baustellen muss das Installationsmaterial, wie Schalter, Steckdosen, Kupplungen, Verbindungsdosen und Abzweigdosen, mindestens in der Schutzart IPX4 (spritzwassergeschützt) ausgeführt sein. Außerdem sollte bei dem Einsatz des Installationsmaterials auf die Herstellerangaben bezüglich der Einbaulage bzw. der Verwendung geachtet werden. Steckvorrichtungen müssen ein Isolierstoffgehäuse haben, und sie müssen eine ausreichende mechanische Festigkeit aufweisen. Zweipolige Steckvorrichtungen nach DIN VDE 0620 sind zulässig:

- spritzwassergeschützte 16-A-Steckvorrichtung nach DIN 49440/49441 für die erschwerten Verwendungsbedingungen,
- die druckwasserdichte 16-A-Steckvorrichtung nach DIN 49442/49443.

Als Drehstrom-Steckvorrichtung ist die genormte fünfpolige Industriesteckvorrichtung nach DIN EN 60309-2 (**VDE 0623-2**):2013-01 zulässig. Die frühere Norm DIN VDE 0623-20, nach der die Hersteller die Steckvorrichtungen gebaut hatten, ist zurückgezogen. Für Drehstrom-Steckvorrichtungen und auch für Drehstrom-Verlängerungsleitungen mit einem Bemessungsstrom bis 32 A sind nur fünfpolige Ausführungen zugelassen. Steckvorrichtungen für Schutzkleinspannung (SELV) müssen so ausgeführt sein, dass sie nicht in Steckdosen anderer Spannungssysteme eingeführt werden können.

Empfehlungen kurzgefasst: Installationsmaterial

- Schutzart mindestens IPX4 (spritzwassergeschützt) für Schalter, Steckdosen, Kupplungen, Verbindungs- und Abzweigdosen,
- Steckvorrichtungen: Isolierstoffgehäuse,
- Drehstrom-Steckvorrichtung: genormte, fünfpolige Industriesteckvorrichtung nach DIN EN 60309-2 (**VDE 0623-2**):2013-01,
- Steckvorrichtungen für SELV, Schutzkleinspannung dürfen nicht in andere Spannungssysteme passen.

15 Handgeführte Elektrowerkzeuge

Besonders auf Baustellen sind handgeführte Elektrowerkzeuge einem hohen Verschleiß und mechanischen Beanspruchungen ausgesetzt. Handgeführte Elektrowerkzeuge sind transportable Geräte, wie Bohr- und Schleifmaschinen, Stich- und Kreissägen und Schraubwerkzeuge. Elektrowerkzeuge gibt es in leitungsgebundener und leitungsungebundener Ausstattung, wie den Akkuschrauber. Eine Gefahrenquelle kann immer wieder die Anschlussleitung dieser Geräte sein. Daher müssen die handgeführten Elektrowerkzeuge auf Baustellen mit Netzanschlussleitungen vom Typ H07RN-F oder H07BQ-F ausgestattet sein. Bei einer Länge der Anschlussleitung von bis zu 4 m ist auch der Leitungstyp H05RN-F oder H05BQ-F zulässig. Allerdings dies nur, wenn nicht die zutreffende Gerätenorm die Bauart H07RN-F vorschreibt. Die Werkzeuge müssen außerdem mindestens der Schutzart IPX2 entsprechen.

Nach der BGI/GUV-I 608 sind bei besonderen Umgebungsbedingungen, wie extreme Nässe oder leitfähiger Staub, zusätzliche Maßnahmen einzuleiten, wie Wetterschutz, Abdeckungen oder Schutzhauben. Bei besonderen Betriebsbedingungen sind ebenfalls bereits vor Arbeitsbeginn ergänzende Schutzmaßnahmen zu treffen, wie Schutzkleinspannung. Bei Arbeiten in engen, leitfähigen Räumen bzw. bei begrenzt leitfähiger Umgebung sind besondere Schutzmaßnahmen durchzuführen (Kapitel 24).

Empfehlungen kurzgefasst: Handgeführte Elektrowerkzeuge

- Netzanschlussleitungen müssen vom Typ H07RN-F oder H07BQ-F sein,
- Schutzart mindestens IPX2.

16 Schalt- und Steuergeräte

Schaltgeräte und Steuergeräte sind nach der DIN VDE 0100-200 elektrische Betriebsmittel, die in einem Stromkreis eingesetzt sind, um eine oder mehrere Funktionen zu erfüllen, wie Schützen, Steuern, Trennen und Schalten.

Die auf Baustellen verwendeten Schaltgerätekombinationen müssen den Anforderungen der DIN EN 61439-4 (**VDE 0660-600-4**):2013-09 entsprechen (Kapitel 11). In dieser Norm werden die spezifischen Anforderungen festgelegt für:

- Schaltgerätekombinationen, deren Bemessungsspannung 1 000 V Wechselspannung nicht überschreitet,
- Schaltgerätekombinationen für den Einsatz auf Baustellen im Innenraum und im Freien, wie zeitweilige Arbeitsstätten, die im Allgemeinen der Öffentlichkeit nicht zugänglich sind und auf denen Bauarbeiten, Montage-, Reparatur- oder Änderungsarbeiten oder auch Abriss von Gebäuden oder Bauwerken oder Tiefbauarbeiten ausgeführt werden,
- Schaltgerätekombinationen, bei denen die Primär- und die Sekundär-Nennspannung von Transformatoren bei bis zu 1 000 V Wechselspannung liegt.

Die Norm gilt nur für Schaltgerätekombinationen in Baustromverteilern, die auf Baustellen eingesetzt werden. Sie gilt nicht für Schaltgerätekombinationen, die in Verwaltungen und Betriebsräumen (wie Büros, Umkleideräume, Schlafräume, sanitäre Räume) von Baustellen verwendet werden. Der Anwendungsbereich ist so ähnlich definiert wie die DIN VDE 0100-704, deren Anforderungen auch nur auf Baustellen und nicht für die Nebenräume gelten.

Empfehlungen kurzgefasst: Schalt- und Steuergeräte

- Auf Baustellen verwendete Schaltgerätekombinationen müssen DIN EN 61439-4 (**VDE 0660-600-4**):2013-09 entsprechen.

17 Einrichtungen zum Trennen

Einrichtungen zum Trennen: Gemeint ist das allseitige Ausschalten oder Abtrennen einer Anlage, eines Anlagenteils oder eines Betriebsmittels von allen nicht geerdeten Leitern, um die Sicherheit von Personen beim Arbeiten (Instandhaltung, Fehlersuche, Auswechseln von Betriebsmitteln) zu gewährleisten. Trennen ist eine Tätigkeit, die mithilfe dafür vorgesehener Geräte ausgeführt wird. Eine Trenneinrichtung darf auch gleichzeitig als Schalteinrichtung (Kapitel 13 und 17) verwendet werden. Eine Schalteinrichtung darf jedoch nur zum Trennen verwendet werden, wenn sie zum Trennen geeignet ist. Einrichtungen zum Trennen müssen Schaltgeräte sein, bei denen im ausgeschalteten Zustand zwischen den geöffneten Kontakten die notwendigen Abstände (Trennstrecken) erfüllt und eingehalten werden müssen. Außerdem wird empfohlen, Trenneinrichtungen mit allpoliger Abschaltung, d. h. mit Abschaltung des Neutralleiters, zu verwenden. Die Anforderungen an Geräte zum Trennen sind in DIN VDE 0100-530 und DIN VDE 0100-537 enthalten. Als Geräte zum Trennen können eingesetzt werden:

- Trennschalter, Lasttrennschalter;
- Sicherungstrennschalter, Sicherungsunterteile;
- Steckvorrichtungen;
- Trennlaschen, Seilschlaufen;
- ausziehbare Schalteinrichtungen, die die Trennerbedingungen erfüllen.

Alle Geräte, die zum Trennen angewendet werden, müssen eindeutig zugeordnet werden können, damit erkennbar ist, welcher Stromkreis durch sie getrennt werden kann. Leistungsschalter dürfen ebenfalls als Trenneinrichtung verwendet werden, wenn sie nach den Herstellerangaben zum Trennen geeignet sind.

In DIN VDE 0100-704 ist zu den Einrichtungen zum Trennen folgende Forderung enthalten. Grundsätzlich gelten die Anforderungen nach DIN VDE 0100-537, aber zusätzliche Anforderungen sind hinzugefügt: Jeder Baustellenverteiler muss Einrichtungen zum Schalten und Trennen der Einspeisung enthalten. Die Einrichtungen zum Trennen der Einspeisung müssen in der „Aus"-Stellung gesichert werden können. Dazu kann ein Vorhängeschloss genutzt werden, oder die Unterbringung der Trenneinrichtung muss in einer verschließbaren Umhüllung untergebracht sein. Die Versorgung von elektrischen Verbrauchsmitteln muss durch Baustromverteiler erfolgen. Jeder Baustromverteiler muss eine Überstromschutzeinrichtung, eine Einrichtung für den Schutz bei indirektem Berühren und Steckdosen enthalten.

In den Unfallverhütungsvorschriften ist zusätzlich der Begriff „Freischalten" erwähnt, und zwar sollte für die elektrische Anlage auf Baustellen durch Schaltgeräte sichergestellt werden, dass die Anlage freigeschaltet werden kann. Trenneinrichtungen schaffen die Voraussetzung für das betriebliche Freischalten. Insoweit ist das Trennen identisch mit dem Freischalten als Teil der Fünf Sicherheitsregeln.

Freischalten

Es ist das allseitige Ausschalten oder Abtrennen einer Anlage, eines Teils einer Anlage oder eines Betriebsmittels von allen nicht geerdeten Leitern.

Für den Betrieb von elektrischen Anlagen sind in DIN VDE 0105 folgende Anforderungen im Zusammenhang mit Freischaltungen gestellt:

- Teile einer Anlage, an denen gearbeitet werden soll, müssen freigeschaltet werden.
- Hat die allein arbeitende oder die Aufsicht führende Person nicht selbst freigeschaltet, so muss dafür gesorgt sein, dass Missverständnisse der Übermittlung dieser Nachricht ausgeschlossen sind (durch mündliche, fernmündliche oder schriftliche Meldung der Freischaltung).
- Die Meldung der Freischaltung muss den Namen der Person oder der Dienststelle beinhalten, die für das Freischalten verantwortlich ist.
- Zur Vermeidung von Hörfehlern bei der mündlichen/fernmündlichen Meldung ist eine Wiederholung bzw. eine Gegenbestätigung erforderlich.

Wichtig ist im Zusammenhang mit dem Freischalten die Forderung, dass gegen Wiedereinschalten zu sichern ist:

- Betriebsmittel, z. B. Schalter, sind zu sichern,
- an den Antrieben ist ein Verbotsschild anzubringen (oder eindeutig zugeordnetes Verbotsschild in der Nähe),
- Sicherungseinsätze müssen herausgenommen und sicher verwahrt werden.

Merke! Fünf Sicherheitsregeln dienen dem Personenschutz und müssen im Zusammenhang mit dem Betrieb von elektrischen Anlagen unbedingt eingehalten werden.

Fünf Sicherheitsregeln

1. **Freischalten**: allpoliges Trennen einer elektrischen Anlage von spannungsführenden Teilen.
2. **Gegen Wiedereinschalten sichern**: Damit eine Anlage nicht irrtümlich wieder eingeschaltet wird, ist ein Wiedereinschalten zuverlässig zu verhindern. Wird eine für Laien frei zugängliche Abschaltvorrichtung nur durch ein Klebeschild bzw. Hinweisschild gesichert, so handelt die Elektrofachkraft grob fahrlässig, d. h., das Wiedereinschalten darf in Bereichen, in denen Laien Zugang haben, nur durch Nutzung von Werkzeug oder Schlüsseln möglich sein.
3. **Spannungsfreiheit feststellen**: Es muss vor Ort durch geeignete Messgeräte die allpolige Spannungsfreiheit festgestellt werden.
4. **Erden und Kurzschließen**: Maßnahme kann in Anlagen mit Niederspannung auf Baustellen unterbleiben, wenn die ersten drei Maßnahmen vorschriftsmäßig durchgeführt sind.
5. **Benachbarte, unter Spannung stehende Teile abdecken oder abschranken**: Maßnahme kann in Anlagen mit Niederspannung auf Baustellen unterbleiben, wenn die ersten drei Maßnahmen vorschriftsmäßig durchgeführt sind.

Empfehlungen kurzgefasst: Einrichtungen zum Trennen

- Trenneinrichtung darf gleichzeitig als Schalteinrichtung verwendet werden; Schalteinrichtungen zum Trennen müssen geeignet sein (notwendige Abstände zwischen den geöffneten Kontakten).
- Jeder Baustromverteiler muss Einrichtungen zum Trennen der Einspeisung enthalten („Aus"-Stellung muss verschließbar sein, z. B. Vorhängeschloss).
- Fünf Sicherheitsregeln müssen eingehalten werden; Kapitel 18.

18 Leuchten

Auf Baustellen werden vorrangig sog. Zweckleuchten verwendet, deren Aufgabe es ist, den von den Lampen abgestrahlten Lichtstrom zu lenken und in gewünschter Weise in den Baustellenräumen bzw. im Freien zu verteilen. Sie sollen einerseits die Lampen und das Zubehör vor schädlichen mechanischen und chemischen Einflüssen schützen, und andererseits dürfen von ihnen keine schädigenden Wirkungen auf Personen und Sachen ausgehen. Bei der Auswahl der Leuchten sind ihre thermischen Wirkungen auf die Umgebung also zu berücksichtigen, denn gerade auf Baustellen ist häufig die Nähe von brennbaren Baumaterialien zu beachten. Anforderungen an Leuchten können folgenden Normen entnommen werden:

- DIN EN 60598-1 (**VDE 0711-1**):2009-09 Allgemeine Anforderungen und Prüfungen
- DIN VDE 0100-559:2014-02 Leuchten und Beleuchtungsanlagen
- DIN VDE 0100-714:2014-02 Beleuchtungsanlagen im Freien
- DIN VDE 0100-715:2014-02 Kleinspannungsbeleuchtungsanlagen

Aus den DIN-VDE-Normen ergeben sich allgemeine Anforderungen an Leuchten:

- die zulässige Gebrauchslage beachten,
- das Brandverhalten des Materials, bezogen auf die Montagefläche und die thermisch beeinflusste (bestrahlte) Fläche, berücksichtigen,
- Mindestabstände bei Strahlerleuchten einhalten.

Lampen und Leuchten werden fälschlicherweise häufig synonym verwendet. Daher klare Abgrenzung:

Lampe ist technischer Hauptbestandteil einer Leuchte, also beinhaltet die Bestandteile, die zur Umwandlung der elektrischen Energie in sichtbare Strahlen (Licht) erforderlich sind.

Leuchte beinhaltet neben der Lampe und den Leuchtmitteln weitere Bauteile, wie Leuchtenleitungen, Leuchtenklammern und Leuchtenrahmen.

Nachfolgend kurz einige allgemeine Anforderungen an die Errichtung von Leuchten:

- Aufhängevorrichtung (z. B. Deckenhaken), fünffache Masse, mindestens 10 kg.
- Durchgangsverdrahtung: nur für dafür vorgesehene Leuchten verwenden; auch mit mehreren Leuchtenstromkreisen möglich; wärmebeständige Leitungen (z. B: H05SJ-K nach DIN EN 50525-2-41 (**VDE 0285-525-2-41**)); Klemmen (DIN VDE 0606-1); evtl. Steckverbinder.
- Leuchten mit Entladungslampen: keine Brandgefahr bei einem Fehler im Vorschaltgerät; Leuchten ohne ▽M auf schwer oder normal entflammbaren Baustoffen, Abstand 35 mm; offene Leuchten sind gegenüber der Befestigungsfläche mit

1 mm dickem Blech abzudecken; Vorschaltgeräte auf brennbarer Unterlage; Mindestabstand 35 mm oder ausreichender Abstand zu anderen thermisch beeinflussbaren Flächen; Vorschaltgeräte in Gehäusen; für ausreichende Wärmeabfuhr sorgen.

- Leuchten in Drehstromkreisen mit gemeinsamem Neutralleiter: Leuchten wie Drehstromverbrauchsmittel behandeln; Drehstromkreis mit einem Schalter freischaltbar; gemeinsame Verlegung der Zuleitung, z. B. mehradrige Leitung, Verlegung in einem Rohr oder in Hohlräumen von Lichtbändern.
- Beleuchtung von Maschinen mit sich bewegenden Teilen: stroboskopische Effekte nach Möglichkeit vermeiden oder vermindern.

Nach den kurzen allgemein gehaltenen Anforderungen zusätzliche Anforderungen an Leuchten auf Baustellen:

- Schutzarten: Leuchten auf Baustellen allgemein: mindestens Schutzart IP23; Bodenleuchten: mindestens Schutzart IP55; Handleuchten: mindestens Schutzart IP55.
- Leuchten sind entsprechend ihrer Bauart bzw. ihres Verwendungszwecks als Wand-, Decken-, Boden- und Handleuchten einzusetzen und bestimmungsgemäß aufzuhängen bzw. mittels geeigneter Ständer aufzustellen.
- Flexible Anschlussleitungen müssen dem Leitungstyp H07RN-F oder H07BQ-F entsprechen.
- Leuchten müssen geeignet sein, die unterschiedlichen mechanischen Einwirkungen nach der BGI/GUV-I 600 zu bestehen, d. h., es ist die Betrachtung und Bewertung der auftretenden Einwirkungen an den jeweiligen Einsatzorten die Voraussetzung, um festlegen zu können, wie die Leuchten beschaffen sein müssen; also z. B. müssen bei erschwerten Bedingungen geeignete Leuchten mit entsprechender Kennzeichnung (Hammersymbol) eingesetzt werden.

Für Handleuchten gelten noch besondere Anforderungen:

- DIN EN 60598-2-8 (**VDE 0711-2-8**);
- Schutzart mindestens IP55;
- Körper, Griff und äußerer Teil der Fassung müssen aus Isolierstoff bestehen und mit einem Schutzglas und einem Schutzkorb ausgestattet sein (der Korb kann entfallen, wenn anstelle des Schutzglases eine bruchfeste Umschließung aus Kunststoff vorhanden ist);
- Schalter von Handleuchten müssen für eine Stromaufnahme von mindestens 4 A ausgelegt und mechanisch geschützt sein;
- die Leitungseinführung der Anschlussleitung muss über eine Zugentlastung und einen Knickschutz verfügen;

- Handleuchten müssen der Schutzklasse II (doppelte oder verstärkte Isolierung) oder III (Betrieb mit Schutzkleinspannung) entsprechen, vor allem dann, wenn sie in leitfähigen Bereichen mit begrenzter Bewegungsfreiheit verwendet werden;
- Anschlussleitung kann der Typ H05RN-F oder eine mindestens gleichwertige Bauart sein, wenn die Anschlussleitung nicht länger als 5 m ist und die Normenreihe DIN VDE 0711 nicht eine andere Bauart verlangt.

Tipps:

- Während der Betriebszeit der Leuchte verringert sich der Wirkungsgrad durch Verstauben und sonstiger Verschmutzungen. Dadurch kann bei ungünstigen Bedingungen der abgegebene Lichtstrom um 20 % bis 50 % im Jahr gegenüber den ursprünglichen Werten abnehmen. Um dies zu vermeiden, ist bereits bei der Auswahl und Dimensionierung der Leuchte die gewünschte Beleuchtungsstärke auch nach längerer Betriebszeit zu berücksichtigen. Außerdem empfiehlt es sich, eine regelmäßige Reinigung der Baustellenleuchten vorzunehmen.
- Aus DIN EN 12464-1 können Richtwerte für die Nennbeleuchtungsstärke entnommen werden, danach gilt für Hoch- und Tiefbau: 20 lx; für Stahl- und Montagebau: 30 lx; Richtwerte für verschiedene Aktivitäten auf Baustellen: allgemeine Bearbeitung von Bauflächen: 50 lx; Anbringen von Gerüstelementen oder Verlegung von Rohren und Leitungen: 100 lx; Verbindung von Elementen, anspruchsvolle Montagen von Betriebsmittel: 200 lx; feine Arbeiten an Maschinen: 500 lx.
- Überschlagsweise kann im Hochbau mit einer erforderlichen Leistung für die Beleuchtung von 0,8 W/m^2 der zu beleuchtenden Fläche angesetzt werden.

Empfehlungen kurzgefasst: Leuchten

- Zulässige Gebrauchslage beachten;
- Mindestabstände bei Strahlerleuchten einhalten;
- Schutzarten: Leuchten allgemein auf Baustellen IP23; Bodenleuchten und Handleuchten IP55;
- Leitungstyp H07RN-F oder gleichwertig;
- muss geeignet sein, Einwirkungen nach BGI/GUV-I 600 zu bestehen; Kapitel 19;
- Leitungseinführung: Zugentlastung;
- Handleuchten für Einsatz in leitfähigen Bereichen mit begrenzter Bewegungsfreiheit: Schutzklasse II (doppelte oder verstärkte Isolierung) oder Schutzklasse III (Schutzkleinspannung).

19 Wärmegeräte

Zur Wärmegewinnung wird auf Baustellen üblicherweise Propan-/Butangas, Heizöl, Benzin, Dieselkraftstoff oder auch elektrische Energie eingesetzt. Schon aus Kostengründen werden Elektrowärmegeräte wohl nicht mehr so häufig verwendet, es sei denn, um kurzfristig mit einem Direktheizgerät einen kleineren Raum zu erwärmen oder ähnliche Einsatzgebiete. Werden Wärmegeräte verwendet, so müssen sie mindestens der Schutzart IPX4 entsprechen, d. h. spritzwassergeschützt sein.

Als Anschlussleitungen müssen mindestens Gummischlauchleitungen mit Isolierhülle und Mantel aus EPR, also Ethylen-Propylen-Kautschuk, z. B. H05RR-F, oder leichte PVC-Schlauchleitungen, z. B. H03VV-F, verwendet werden. Da die Gefahr der Berührung der Leitungen von heißen Geräteteilen besteht trotz bestimmungsgemäßem Gebrauch, dürfen Kunststoffleitungen für Wärmegeräte nicht benutzt werden. Sollten Elektrowärmegeräte mit einer Nennleistung > 4,6 kW eingesetzt werden, muss darauf geachtet werden, dass von diesen Geräten keine störenden Spannungsänderungen im Netz der Netzbetreiber verursacht werden.

Ein weiteres Problem sei im Zusammenhang mit Heizgeräten kurz angesprochen: die Brandgefahr. Auf der Baustelle sind häufig brennbare Stoffe vorhanden, die die wesentliche Voraussetzung im Zusammenhang mit einer Wärmequelle zur Entzündung eines Brands sein können. Strahlungserzeuger, wie Glühlampen, Gasentladungslampen, Scheinwerfer, leistungsstarke Heizkörper oder andere heiße Oberflächen, können, je nach Zeitdauer und Intensivität der Einwirkung, zur Zündung führen. Brandgefahr besteht ab einer Strahlungsleistung von etwa 0,2 W/cm^2, wenn diese über eine längere Zeit zur Verfügung steht und sich in kürzerem Abstand von brennbaren Stoffen befindet.

Auf Baustellen sind folgende Anforderungen an Wärmegeräte zu stellen:

- Vorrichtungen zum Fernhalten entzündlicher Stoffe von den Heizleitern;
- keine Raumheizgeräte mit Wärmespeicher, bei denen die Raumluft mit dem Speicherkern in Berührung kommen kann, in feuergefährdeten Räumen durch Staub oder Mineralfasern;
- Befestigung auf nicht brennbarer Unterlage;
- Schutz gegen zufälliges Berühren;
- Temperaturen des Gehäuses < 115 °C oder niedrigere Werte, wenn die Bauverordnungen dies verlangen.

Empfehlungen kurzgefasst: Wärmegeräte

- Schutzart: mindestens IPX4 (spritzwassergeschützt),
- Anschlussleitungen: mindestens Typ H05RR-F oder H03VV-F; keine Kunststoffleitungen,
- Nennleistungen > 4,6 kW: keine störenden Spannungsänderungen im Netz verursachen,
- Befestigung auf nicht brennbarer Unterlage,
- Temperaturen des Gehäuses: < 115 °C oder niedrigere Werte.

20 Hilfsstromkreise

Als Hilfsstromkreise werden Stromkreise bezeichnet, die nicht nur Energie übertragen, sondern zusätzliche Funktionen erfüllen, beispielsweise in Steuerstromkreisen, Melde- und Messstromkreisen. Hilfsstromkreise erfüllen einen Zweck bzw. haben eine bestimmte Funktion, wie Signalbildung, -eingabe, -verarbeitung und Signalausgabe beim Messen, Steuern oder Regeln von elektrischen Betriebsmitteln bzw. von Personen.

Stromversorgung der Hilfsstromkreise ist möglich durch:

- mit dem Hauptstromkreis direkt verbunden; direkte Versorgung vom Hauptstromkreis; kostengünstigste Lösung;
- vom Hauptstromkreis über Transformatoren mit getrennten Wicklungen;
- unabhängig vom Hauptstromkreis;
- von einer Batterie versorgt; unabhängig vom Netz; praktikable Lösung.

Betriebsspannungen:

- grundsätzlich Nennspannungen nach DIN EN 60038 (**VDE 0175-1**),
- vorzugsweise Spannungen bis max. 230 V Nennspannung für Betriebsmittel, die während des Betriebs in der Hand gehalten werden,
- Toleranz: –15 % bis +10 % der Betriebsspannung,
  ±2 % Frequenzabweichung.

Grundsätzlich: Bei Hilfsstromkreisen wird die Erdung *nicht* nach den Regeln der *Systeme nach Art der Erdverbindung* betrachtet, sondern nur die Möglichkeiten geerdete oder ungeerdete Hilfsstromversorgung.

Geerdete Hilfsstromkreise: Alle Körper an den Leiter anschließen, mit dem der Hilfsstromkreis geerdet ist.

Ungeerdete Hilfsstromkreise: Isolationsüberwachung vorsehen.

Schutzmaßnahmen:

- Schutz bei Überlast: nicht gesondert erforderlich, jedoch meist durch den Kurzschlussschutz mitgeliefert,
- Schutz bei Kurzschluss: Schaltglieder nach Angaben der Hersteller schützen; Kabel und Leitungen gegen Kurzschlussströme nach DIN VDE 0100-430 schützen oder kurz- und erdschlusssicher verlegen.

Mindestquerschnitte für Kabel und Leitungen:

- einadrig: 1 mm²,
- zweiadrig und mehradrig mit Schirm oder Koaxialkabel: 0,5 mm²,

- innerhalb von Gehäusen: 0,2 mm²,
- Schutzleiter: 0,5 mm²,
- für die Datenübertragung: 0,08 mm².

Kennzeichnung:

Leiter für Hilfsstromkreise farblich nach DIN EN 60204-1 (**VDE 0113-1**):

schwarz, braun, rot, orange, gelb, grün, blau, violett, grau, weiß, rosa, türkis, aber nicht grün-gelb.

Auf Baustellen ist bei der Errichtung von Hilfsstromkreisen auf die Anforderungen aus den unten stehenden Normen zu achten.

Tipp: Das Buch „*Rudnik, S.*: Hilfsstromkreise Steuerstromkreise. VDE-Schriftenreihe Band 151. Berlin · Offenbach: VDE VERLAG, 2013" beinhaltet in anschaulicher und übersichtlicher Weise alle Anforderungen zu dem Thema.

Wichtige Normen:

- *DIN VDE 0100-557,*
- *DIN EN 60204-1 (**VDE 0113-1**),*
- *DIN VDE 0100-444.*

Empfehlungen kurzgefasst: Hilfsstromkreise

- Geerdete Hilfsstromkreise: alle Körper an den Leiter anschließen, mit dem der Hilfsstromkreis geerdet ist;
- ungeerdete Hilfsstromkreise: Isolationsüberwachung vorsehen;
- Mindestquerschnitte: einadrig 1 mm²; mehradrig 0,5 mm²; innerhalb von Gehäusen 0,2 mm²; Schutzleiter 0,5 mm².

21 Baukrane

Hebezeuge (oder auch Krane) sind Winden zum Heben von Lasten, d. h., Lasten werden mit einem Tragmittel gehoben und können zusätzlich in eine oder mehrere Richtungen bewegt werden. Der Begriff Hebezeuge ist als Sammelbegriff zu verstehen. Krane sind nach der Unfallverhütungsvorschrift Hebezeuge, die Lasten mit einem Tragmittel heben und zusätzlich in eine oder mehrere Richtungen bewegt werden können. In der DIN EN 12077-2 ist der Kran definiert: eine Maschine für zyklisches Heben oder zyklisches Heben und Bewegen von an Haken oder anderen Lastaufnahmeeinrichtungen hängenden Lasten. Sie kann in Einzel- oder Serienfertigung hergestellt sein oder aus vorgefertigten Komponenten bestehen.

Die Tragmittel gehören als Hubeinrichtungen zum Hebezeug und dienen zum Aufnehmen der Last, einschließlich der Seil- oder Kettentriebe, z. B. Lasthaken, Unterflaschen, Klemmen, Hebelzangen, Lastaufnahmemittel sind Einrichtungen zum Aufnehmen der Nutzlast. Die Errichtung der elektrischen Anlagen ist unter Berücksichtigung der zusätzlichen Anforderungen durchzuführen.

Es wird unterschieden:

- führerhausbediente Hebezeuge (Hebezeug, welches von einer an dem Hebezeug befestigten Kabine aus bedient wird, d. h., der Kranführer ist unmittelbar an das Hebezeug gebunden);
- flurbediente Hebezeuge (Hebezeug wird von dem Kranführer bedient, der den unmittelbaren Kontakt zum Hebezeug nicht hat, d. h., es können zusätzliche Gefahren entstehen; daher müssen beim Loslassen der Betätigungselemente diese Hebezeuge selbsttätig stillgesetzt werden.)

Bei der Projektierung eines Hebezeugs auf der Baustelle sollten die äußeren Einflüsse (physikalischen Umgebungs- und Betriebsbedingungen) auf die elektrische Ausrüstung bedacht und evtl. mit dem Hersteller des Hebezeugs geklärt werden, wie

- EMV,
- Umgebungstemperatur der Luft,
- Luftfeuchte,
- Höhenlage,
- Verschmutzungen,
- Strahlungen,
- Vibration.

Einige wichtige Anforderungen aus DIN EN 60204-32 (**VDE 0113-32**):

- Hebezeuge sollten möglichst nur an eine einzige Stromversorgung angeschlossen werden (Regelfall).

- Struktur der Einspeisung: Aufteilung der wesentlichen Funktionen auf drei Schaltgeräte: Netzanschlussschalter, Kran-Trennschalter und Kranschalter.
- Anschlussleitungen direkt an den Netzanschlussschalter anschließen.
- Schutzleiter, die über Schleifleitungen oder Schleifringe geführt werden, dürfen betriebsmäßig keinen Strom führen; werden die Hebezeuge durch ein Versorgungsnetz mit einem PEN-Leiter versorgt, so muss die Auftrennung von Neutral- und Schutzleiter am Netzanschlussschalter erfolgen.
- Aufgabe Netzanschlussschalter: Trennen der Hauptschleifleitung für Reparatur und Wartungsarbeiten; für den Überstrom- und Kurzschlussschutz bietet sich ein Leistungsschalter an; der Netzanschlussschalter muss nach der gültigen Norm immer Trennereigenschaften und Lastschaltvermögen haben; gegen unbefugtes und irrtümliches Wiedereinschalten sichern; stellt die Schnittstelle zwischen dem Hebezeug und dem speisenden Netz dar.
- Netzanschlussleitung ist die Leitung vor dem Netzanschlussschalter.
- Stahlgerüst des Hebezeugs mit dem Schutzleiter bzw. Erdleiter verbinden und zum Potentialausgleich nutzen.
- Hebezeuge müssen mit einer Not-Halt-Funktion ausgerüstet sein, die die Energie von den Bewegungsantrieben abschaltet.
- Für den Einsatz flexibler Leitungen für die Energiezuführung zu und auf Hebezeugen haben sich bewährt: H07RN-F oder A07RN-F; H07RT2D5-F oder H07RND5-F; NGFLGÖU, NGRDGÖU; H07VVH2F.

Bild 21.1 Baukran vor Ort
(Foto: *Rolf Rüdiger Cichowski*)

Merke!

- DIN EN 60204-32 (**VDE 0113-32**):2009-03,
- Unfallverhütungsvorschriften: „Winden, Hub- und Zuggeräte" (BGV D8); „Krane" (BGV D6),
- wichtige Literatur: *Lenzkes, D.*; *Kunze, H.-J.*: Elektrische Ausrüstung von Hebezeugen, Erläuterungen zu DIN EN 60204-32 (VDE 0113 Teil 32). VDE-Schriftenreihe Band 60. Berlin · Offenbach: VDE VERLAG, 2006

Empfehlungen kurzgefasst: Baukrane

- Anforderungen an Baukrane in DIN EN 60204-32 (**VDE 0113-32**),
- Anschluss nur an eine Stromversorgung,
- Anschlussleitung direkt an den Netzanschlussschalter,
- wird der Baukran durch eine Leitung mit PEN-Leiter versorgt, so erfolgt die Aufteilung von Neutral- und Schutzleiter am Netzanschlussschalter.

22 Aderkennzeichnung von Leitungen

Die Aderkennzeichnung ist in DIN VDE 0293-308 in Übereinstimmung mit internationalen Normen festgelegt (**Tabelle 22.1** und **Tabelle 22.2**). Installierte Kabel- und Leistungsanlagen müssen so übersichtlich angeordnet oder gekennzeichnet werden, dass sie im Betrieb bei der Instandhaltung oder Änderung den Betriebsmitteln und Anlagen zugeordnet werden können.

Anzahl der Adern	**Farben der Adern** [b]				
	Schutzleiter	**Aktive Leiter**			
3	Grün-Gelb	Blau	Braun		
4[a]	Grün-Gelb	–	Braun	Schwarz	Grau
4	Grün-Gelb	Blau	Braun	Schwarz	
5	Grün-Gelb	Blau	Braun	Schwarz	Grau

[a] Nur für bestimmte Anwendungen.

[b] Blanke konzentrische Leiter, wie metallene Mäntel, Armierungen oder Schirme, werden in dieser Tabelle nicht als Leiter betrachtet. Ein konzentrischer Leiter ist durch seine Anordnung gekennzeichnet und braucht daher nicht durch Farben gekennzeichnet zu werden.

Tabelle 22.1 Kabel und Leitungen mit grün-gelber Ader
(Quelle: DIN VDE 0293-308:2003-01)

Anzahl der Adern	**Farben der Adern** [b]				
2	Blau		Schwarz		
3	–	Braun	Schwarz	Grau	
3[a]	Blau	Braun	Schwarz	Grau	
4	Blau	Braun	Schwarz	Grau	
5	Blau	Braun	Schwarz	Grau	Schwarz

[a] Nur für bestimmte Anwendungen.

[b] Blanke konzentrische Leiter, wie metallene Mäntel, Armierungen oder Schirme, werden in dieser Tabelle nicht als Leiter betrachtet. Ein konzentrischer Leiter ist durch seine Anordnung gekennzeichnet und braucht daher nicht durch Farben gekennzeichnet zu werden.

Tabelle 22.2 Kabel und Leitungen ohne grün-gelbe Ader
(Quelle: DIN VDE 0293-308:2003-01)

Wichtige Anforderungen zu den Kennzeichnungen:

- Die Farben Schwarz und Braun werden in Wechselstrom-Systemen bevorzugt,
- für Leiter mit Schutzfunktion (PE oder PEN) ausschließlich grün-gelb gekennzeichnete Ader: Sie darf für keinen anderen Zweck benutzt werden,

- für Neutralleiter: die blaue Ader (wenn kein Neutralleiter vorhanden ist, kann beliebig eingesetzt werden, jedoch nicht als Schutzleiter – PE- oder PEN-Leiter),
- PEN-Leiter: müssen, wenn sie isoliert sind, in ihrem ganzen Verlauf grün-gelb und an den Enden zusätzlich mit blauer Markierung gekennzeichnet sein; auf die Endenkennzeichnung darf in öffentlichen und anderen vergleichbaren Verteilungsnetzen, z. B. in der Industrie, verzichtet werden,
- Grün und Gelb: als einzelne Farben sind sie *nicht* zulässig,
- mehrfarbige Kennzeichnungen: alle anderen (als Grün und Gelb) Farben als mehrfarbig sind *nicht* zulässig,
- Kennzeichnung von konzentrischen Leitern: durch Farbe ist nicht gefordert,
- umhüllte einadrige Kabel und Leitungen und isolierte Leiter: für die Isolierung müssen die Farben: Grün-gelb für den Schutzleiter; Blau für den Neutralleiter verwendet werden.

Abkürzungen für Farben:

- Grün-Gelb – gn-ge,
- Blau – bl,
- Braun – br,
- Schwarz – sw,
- Grau – gr.

Es wird empfohlen, für die Außenleiter die Farben Braun, Schwarz oder Grau zu verwenden. Andere Farben dürfen für bestimmte Anwendungen vorgesehen werden. Auf die Endenkennzeichnung darf in öffentlichen und anderen vergleichbaren Verteilungsnetzen, z. B. in der Industrie, verzichtet werden.

Kennzeichnungen, z. B. auf den Kabel- und Leitungsmänteln:

- Hersteller und Herstellungsjahr,
- Bauart,
- Nennspannung,
- VDE-Normenkonformitätszeichen,
- Längenmarkierung.

Da es auf Baustellen auch Kabel und Leitungen älterer Bauform und Kennzeichnung gibt, nachfolgend zusammengefasst die Änderungen gegenüber älteren Normen:

- gleiche Farbzuordnung bei Leitungen für feste Verlegung und flexiblen Leitungen,
- Aderfarbe Grau statt Schwarz bei einigen mehradrigen Kabeln/Leitungen, die bisher zwei schwarze Adern enthielten,
- gleiche Farbzuordnung bei einadrigen Kabeln und Leitungen,

- für einadrige Kabel und Leitungen, die Außenleiter sind, wird außer den Farben Braun und Schwarz nun auch Grau empfohlen,
- als Neutralleiter dürfen nur einadrige Kabel und Leitungen mit blauer Ader verwendet werden.

Empfehlungen kurzgefasst: Aderkennzeichnung von Leitungen

- grün-gelb: ausschließlich für Leiter mit Schutzfunktion (PE oder PEN); nur in Kombination zulässig, Farben nicht einzeln verwendbar,
- schwarz und braun: Außenleiter in Wechselstromsystemen,
- blau: Neutralleiter; oder für beliebige andere Ader, wenn kein Neutralleiter vorhanden ist,
- Details: Kapitel 23.

23 Begrenzt leitfähige Umgebung

Ein begrenzt leitfähiger Bereich (Raum/Umgebung) besteht hauptsächlich aus metallischen und elektrisch leitenden Teilen. Der Bereich (Raum) ist so eng, dass eine Person, die sich darin aufhält, zwangsläufig großflächig mit den umgebenden Teilen in Kontakt kommt. Ein weiteres Kriterium dieses besonderen Raums ist die Schwierigkeit der Kontaktunterbrechung zwischen der Person und der sie umgebenden leitfähigen Umgebung. Begrenzt leitfähige Räume ist die normgerechte Bezeichnung von engen Räumen, gemeint ist eine Umgebung aus leitfähigen Stoffen, in der eine oder mehrere Personen Arbeiten auszuführen haben. Als praktische Beispiele gehören zu den engen Räumen Behälter, Kessel, Tanks, Apparate, Hohlräume in Maschinen, fensterlose Bauwerke (auch kleinere Kellerräume) und Rohrleitungen. Diese Räume müssen nicht unbedingt allseitig umschlossen sein, sondern Gräben, Schächte, Gruben und Kanäle sind unter Umständen ebenfalls als enge Räume anzusehen. Auch aus großen Räumen können durch entsprechende funktionsbedingte Unterteilungen enge Räume entstehen (z. B. der Zusammenbau von Teilen in einer Werkhalle), oder einige Bereiche im Freien können Merkmale enger Räume aufweisen, wie Rohrbrücken, Gerüstkonstruktionen.

***Merke!* Definition zu leitfähigen Bereichen mit begrenzter Bewegungsfreiheit**

Es handelt sich um leitfähige Bereiche mit begrenzter Bewegungsfreiheit, wenn:

- deren Begrenzungen hauptsächlich aus Metallteilen oder sonstigen elektrisch leitfähigen Teilen bestehen,
- die Körper von Personen großflächig mit der umgebenden Begrenzung in Berührung stehen,
- die Möglichkeiten zur Unterbrechung dieser Berührung eingeschränkt sind.

In der Umgebung aus leitfähigen Stoffen müssen elektrische Betriebsmittel (ortsveränderliche Leuchten und Elektrowerkzeuge) so ausgewählt werden, dass von ihnen für Personen keine Gefahren ausgehen:

- Ortsveränderliche Stromquellen müssen außerhalb der begrenzten, leitfähigen Räume/Umgebung betrieben werden.
- Bewegliche Leitungen: mindestens H07RN-F.
- Stecker und Kupplungsdosen aus Isolierstoff, Verlängerungsleitungen ohne Schalter.
- Elektrowerkzeuge mit Ausschalter am Arbeitsort.
- Nach BGI 594 dürfen *ortsfeste* elektrische Betriebsmittel mit Schutzkleinspannung (SELV), Schutztrennung *und* durch Schutz durch automatische Abschaltung der Stromversorgung (Fehlerstromschutzeinrichtungen (RCDs) ohne Hilfs-

spannungsquelle mit einem Bemessungsdifferenzstrom von 30 mA) verwendet werden.

- DIN VDE 0100-706.

Schutz gegen direktes Berühren (Basisschutz)	Schutz bei indirektem Berühren (Fehlerschutz)
Auch bei Schutzkleinspannung, unabhängig von der Nennspannung, durch Isolierung oder Abdeckung mit mindestens IP2X; Betriebsmittel der Schutzklasse III	• Schutzkleinspannung*, • Schutztrennung; mit der Versorgung nur eines elektrischen Verbrauchsmittels über eine Sekundärwicklung des Trenntransformators * Anmerkung: Handleuchten dürfen nur mit Schutzkleinspannung (SELV) betrieben werden.
Die Schutzmaßnahmen „Schutz durch Hindernisse“ und „Schutz durch Anordnung außerhalb des Handbereichs“ nach DIN VDE 0100-410 sind nicht erlaubt.	

Tabelle 23.1 Schutzmaßnahmen: begrenzt leitfähige Räume/Umgebung für ortsveränderliche Betriebsmittel

Empfehlungen kurzgefasst: Begrenzte leitfähige Umgebung

- Basisschutz: auch bei Schutzkleinspannung mindestens IP2X; Betriebsmittel der Schutzklasse III;
- Fehlerschutz: Schutzkleinspannung; Schutztrennung;
- Schutzmaßnahmen „Schutz durch Hindernisse“ und „Schutz durch Anordnung außerhalb des Handbereichs“ sind nicht erlaubt.

24 Brand- und Blitzschutz

24.1 Brandschutz

Bei der Errichtung elektrischer Anlagen müssen den Umgebungsbedingungen angemessene Brandschutzmaßnahmen ergriffen werden. Hierbei ist zu beachten, dass elektrische Betriebsmittel sowohl durch Entzündung als auch durch aktive Brandverursacher und, wegen der räumlichen Ausdehnung elektrischer Anlagen, durch passive Brandfortleiter Gefahren mit sich bringen können. Brandgefahren auf Baustellen können durch die Brennbarkeit von Materialien, die auf Baustellen verwendet werden und die dort zeitweise lagern, entstehen oder durch brandgefährliche Arbeiten. Auf Baustellen ergibt sich eine große Brand- und Brandausbreitungsgefahr. Erfahrungsgemäß entstehen Brände durch Heißarbeiten (wie Schweißen, Schneiden, Löten oder Trennschleifen), durch Arbeiten mit leicht entzündlichen Stoffen, durch Arbeiten mit mobilen Heizanlagen oder auch durch Elektroinstallationsarbeiten. Voraussetzungen für die Entstehung eines Brands sind immer, dass

- brennbare Stoffe mit entsprechender Zündtemperatur vorhanden sind,
- die Zündenergie von einer Wärmequelle mit ausreichender Leistung und Einwirkdauer geliefert wird,
- Sauerstoff in ausreichender Menge vorhanden ist.

Nur wenn alle drei Bedingungen erfüllt sind, kommt es zu einem Brand. Allerdings sind diese drei Bedingungen auf Baustellen sehr leicht erfüllt. Entsprechende Materialien sind in ausreichender Menge vorhanden, Wärmequellen in Form von Wärmestrahlern, Elektrogeräten, Leuchten usw. sind auf jeder Baustelle ebenfalls selbstverständlich eingesetzt, sodass bei falscher Handhabung bzw. Unachtsamkeit ein Brand schnell entstehen kann. Außerdem kann man unter Umständen von einer Wechselwirkung ausgehen, denn ein Brand kann durch elektrische Anlagen ausgelöst werden, zum anderen zerstört ein Brand elektrische Anlagen, benutzt sie als Zündschnur und setzt in einigen Fällen auch lebenserhaltende Funktionen außer Betrieb.

Elektrische Anlagen und Betriebsmittel können ein Brandgeschehen auslösen durch einen Isolationsfehler, durch Überspannungen oder durch mechanische Einwirkungen.

Brandursachen sind:

- Überlastung der Betriebsmittel, z. B. Kabel, Leitungen, Motoren, Transformatoren,
- Isolationsfehler,

- mangelhafter Kontakt,
- Störlichtbogen,
- unzulässig hohe Temperatur an der Oberfläche elektrischer Betriebsmittel,
- Überspannungen,
- Anhäufung von brennbarem Material bzw. Staub, brennbare Baustoffe.

In den meisten Fällen, in denen elektrische Betriebsmittel als Brandverursacher ermittelt wurden, lag eine rein thermische Brandentzündung vor, z. B. nehmen Leuchten in der Brandstatistik eine herausragende negative Rolle ein. Die Ursache für derartige Fehler kann sowohl bei der Auswahl als auch beim Errichten wie auch dem Betrieb der Anlagen zu suchen sein.

Auswahl der elektrischen Betriebsmittel	**Errichtung der elektrischen Anlagen**	**Betrieb elektrischer Anlagen**
Um thermische Überlastung auszuschließen, sind bei der Auswahl zu erwartende Belastungen und Umgebungsbedingungen berücksichtigen, wie • Leitungsquerschnitte, • Verlegeart, • Häufung von Leitungen, • Anzahl der belasteten Adern, • Umgebungstemperatur, • keine brennbaren Bauteile für elektrische Anlagen, • rechtzeitige Planung	Darauf achten bei der Errichtung, dass u. a. • Leuchten in vorgeschriebener Einbaulage installiert sind, • die max. zulässige Lampenleistung berücksichtigt ist, • ausreichend Abstand zu Wärmequellen besteht, • Verbindungselemente eine gute Kontaktkraft aufweisen, • eine erhöhte Erwärmung nicht zur Zersetzung des Isoliermaterials führt	Beim Betrieb von Wärme produzierenden Betriebsmitteln die Belange des Brandschutzes beachten.

Tabelle 24.1 Berücksichtigung des Brandschutzes bei der Auswahl, der Errichtung und dem Betrieb elektrischer Anlagen und Betriebsmittel

Auch wenn alle genannten Maßnahmen des vorbeugenden Brandschutzes getroffen wurden, sollten doch die Schutzmaßnahmen für den Fehlerfall nicht vernachlässigt werden. Die schnelle Abschaltung eines Fehlers ist für die Beseitigung der Brandgefahr entscheidend. Richtig bemessene und einwandfrei ausgeführte Schutzleiter-Schutzmaßnahmen gegen gefährliche Berührungsströme und der Überstromschutz von Kabeln und Leitungen gegen zu hohe Erwärmung sorgen unter Beachtung aller Umgebungs- und Verlegebedingungen für einen ausreichenden Brandschutz. Je empfindlicher und schneller die Schutzeinrichtung anspricht, desto wirksamer übernimmt sie auch den Brandschutz. Es muss jedoch nochmals darauf hingewiesen werden, dass die genannten Schutzeinrichtungen einen Brandschutz bei mangelhafter Anlagenausführung (z. B. Nichtbeachtung der Reduktionsfaktoren bei Leitungsbündelung oder schlechte Kontaktausführung) nicht übernehmen können, da in diesen Fällen weder Über- noch Fehlerströme für die Brandentstehung notwendig sind.

Merke! Nach DIN VDE 0100-100 gilt für den Schutz gegen thermische Auswirkungen der Grundsatz: Die elektrische Anlage muss so angeordnet sein, dass von ihr keine Gefahr der Entzündung brennbaren Materials infolge zu hoher Temperatur oder eines Lichtbogens ausgeht. Zusätzlich dürfen während des normalen Betriebs von elektrischen Anlagen und Betriebsmitteln Personen keiner Gefahr von Verbrennungen ausgesetzt sein.

Auf Baustellen muss auch auf die Gefahr der Brandfortleitung durch elektrische Betriebsmittel geachtet werden. Wenn die elektrische Anlage den bereits genannten Sicherheitsanforderungen in Dimensionierung und Ausführung entspricht, so ist die Wahrscheinlichkeit der Brandverursachung durch die elektrische Anlage sehr gering. Aber durch ihre weiträumige Ausdehnung kann die elektrische Anlage erheblich zur Ausweitung des Brandgeschehens beitragen. Als häufigste Brandfortleiter sind hier die Kabel- und Leitungsbahnen zu nennen, bei denen nicht nur die brennenden Kabel und Leitungen, sondern häufig auch der auf den Bahnen liegende Schmutz zur Brandverschleppung führt. Daher muss zunächst der Errichter bemüht sein, schmutzanfällige Zonen im Bereich der Leitungstrasse zu umgehen, während später der Betreiber aus Gründen des Brandschutzes für die Reinhaltung der Kabelbahnen sorgen muss. Da derartige Kabelbahnen auch feuerbeständige Trennwände und Brandwände durchbrechen müssen, sind an diesen Durchbrüchen besondere Schottungsmaßnahmen gefordert. Während bei der Durchführung einer einzelnen Leitung durch eine solche Wand die Abdichtung der verbleibenden Öffnung mit nicht brennbaren Baustoffen (Mörtel, Beton o. Ä.) ausreicht, werden für gebündelte elektrische Kabel und Leitungen sowie für Stromschienen- und Rohrleitungssysteme entsprechende Durchführungsschottsysteme gefordert.

Noch ein Hinweis zu wichtigen Normen. Anforderungen für den Brandschutz bei feuergefährdeten Betriebsstätten wurden in DIN VDE 0100-482 „Errichten von Niederspannungsanlagen – Brandschutz bei besonderen Risiken und Gefahren“ gestellt. Diese Norm ist seit 2013 zurückgezogen, und in das entsprechende Nachfolgedokument DIN VDE 0100-420:2013-02 „Errichten von Niederspannungsanlagen – Schutz gegen thermische Auswirkungen“ sind die Anforderungen weitestgehend übernommen oder in andere Normen übertragen worden. Nach der dortigen Definition einer feuergefährdeten Betriebsstätte muss eine Baustelle sicher als eine feuergefährdete Betriebsstätte angesehen werden, obwohl unter Abschnitt 422.3 von DIN VDE 0100-420:2013-02 angemerkt worden ist, dass die Einstufung in eine feuergefährdete Betriebsstätte vom Betreiber der Anlage vorzunehmen ist unter Beachtung des Baurechts und der Unfallverhütungsvorschriften. Weitere Normen: DIN VDE 0100-430 „Errichten von Niederspannungsanlagen; Schutz bei Überstrom“, DIN VDE 0100-520 „Errichten von Niederspannungsanlagen – Kabel- und Leitungsanlagen“, DIN VDE 0100-559 „Errichten von Niederspannungsanlagen – Leuchten und Beleuchtungsanlagen“, DIN VDE 0105-100 „Betrieb von elektrischen Anlagen“, DIN EN 60079-14 (**VDE 0165-1**) „Explosionsfähige Atmosphäre – Projektierung, Auswahl und Errichtung elektrischer Anlagen“.

Viele der Anforderungen an elektrische Anlagen und Betriebsmittel, die für den Brandschutz einzuhalten sind, gelten als Anforderungen für die Errichtung von elektrischen Anlagen auf Baustellen in den verschiedensten Teilen der DIN VDE 0100 (Kapitel 5) und sind als wichtige Bestimmungen von den Elektrofachkräften auf Baustellen in die Praxis umzusetzen. Dennoch sind nachfolgend einige wichtige Aussagen für feuergefährdete Betriebsstätten zusammengefasst:

- Wenn sich Staub auf Gehäusen von elektrischen Betriebsmitteln oder Leitungen ansammeln kann, sind Maßnahmen durchzuführen, die zu hohe Temperaturen verhindern.
- Brennbare und explosionsgefährdete Materialien sollten als solche gekennzeichnet und unter Sicherheitsvorkehrungen gelagert werden.
- Flucht- und Rettungswege sind ständig freizuhalten.
- Brandschutzvorkehrungen sollten bereits bei der Planung der Baustelle Berücksichtigung finden und nicht nur bei großen Baustellen, sondern auch bei kleineren, weil gerade diese sich in unmittelbarer Nähe von bzw. in bestehenden Gebäuden befinden.
- Es dürfen nur Leuchten mit begrenzter Oberflächentemperatur verwendet werden, bei normalen Bedingungen 90 °C. In der **Tabelle 24.2** sind Kennzeichen der Leuchten enthalten, die bei der Auswahl behilflich sein können.

▽F	Dieses Kennzeichen gilt für Leuchten mit Entladungslampen. Es besagt, dass diese Leuchten unmittelbar auf nicht brennbaren, schwer oder normal entflammbaren Baustoffen nach DIN 4102 angebracht werden dürfen.
▽F ▽F	Dieses Kennzeichen gilt für Leuchten mit begrenzter Oberflächentemperatur. Es besagt, dass diese Leuchten sowohl mit Glühlampen als auch mit Entladungslampen bestückt sein können. Sie sind so gebaut, dass sie keine Temperaturen annehmen können, die zur Entzündung von brennbaren Stäuben und Fasern führen.
▽M	Dieses Kennzeichen gilt für Leuchten mit Entladungslampen zum Einbau in und an Einrichtungsgegenständen. Es besagt, dass diese Leuchten in der angegebenen Montageart auf Einrichtungsgegenständen aus Werkstoffen – die in ihrem Brandverhalten nicht brennbaren, schwer und normal entflammbaren Baustoffen (nach DIN 4102) entsprechen, auch wenn sie beschichtet, lackiert oder furniert sind – angebracht werden dürfen.
▽M ▽M	Dieses Kennzeichen gilt für Leuchten mit begrenzter Oberflächentemperatur. Es besagt, dass diese Leuchten sowohl mit Glühlampen als auch mit Entladungslampen bestückt sein können und in der angegebenen Montageart auf Einrichtungsgegenständen aus Werkstoffen, deren Brandverhalten nicht bekannt ist, auch wenn sie beschichtet, lackiert oder furniert sind, angebracht werden dürfen. Sie sind so gebaut, dass sie keine Temperaturen annehmen können, die zur Entzündung von brennbaren Stoffen führen.
▽D	Die mit D-Symbol gekennzeichneten Leuchten erfüllen alle nur dann, wenn ihre Leuchtstofflampen durch eine zusätzliche Abdeckung mit der Schutzart IP5X umschlossen werden, z. B. mit einer Leuchtenwanne.

Tabelle 24.2 Kennzeichen für die Auswahl von Leuchten

- Kleine Scheinwerfer müssen zu brennbaren Materialien folgende Abstände aufweisen: bis zu 100 W: 0,5 m; 100 W bis 300 W: 0,8 m; 300 W bis 500 W: 1 m.
- Lampen in den Leuchten müssen vor mechanischer Beschädigung geschützt sein und dürfen nicht aus der Leuchte herausfallen.
- Heizgeräte auf nicht brennbaren Unterlagen befestigen.
- Bei der Beheizung dürfen Lufttemperatur und Staubgehalt nur so sein, dass eine Feuergefahr nicht entstehen kann.

24.2 Blitzschutz

Die Blitzschutzanlage ist die Gesamtheit aller Einrichtungen für den äußeren und inneren Blitzschutz der zu schützenden Anlage. Sie besteht aus Fangeinrichtungen, Ableitungen und Erdung (äußerer Blitzschutz) sowie aus allen erforderlichen Maßnahmen des inneren Blitzschutzes gegen die Auswirkungen des Blitzstroms und seiner elektrischen und magnetischen Felder auf metallene Gebäudeteile, leitende Installationen und Einrichtungen der elektrischen Energie- und Informationstechnik. Schutzziel des Blitzschutzes ist es, bauliche Anlagen, Sachwerte und Personen gegen Blitzschutzeinwirkungen möglichst dauerhaft zu schützen. Das Ziel gilt als erreicht, wenn die Anforderungen der Normenreihe DIN EN 62305-*x* (**VDE 0185-305-*x***) erfüllt werden.

In der Unfallverhütungsvorschrift BGV A1 heißt es im § 23 „Maßnahmen gegen Einflüsse des Wettergeschehens“:

Beschäftigt ein Unternehmer Versicherte im Freien und bestehen infolge des Wettergeschehens Unfall- und Gesundheitsgefahren, so hat er geeignete Maßnahmen am Arbeitsplatz vorzusehen, geeignete organisatorische Schutzmaßnahmen zu treffen oder erforderlichenfalls persönliche Schutzausrüstungen zur Verfügung zu stellen.

Bei Arbeitsplätzen auf Baustellen bzw. im Freien sind auch die Gefahren durch Blitzeinschlag zu berücksichtigen und entsprechende Schutzmaßnahmen einzuleiten. Häufig sind auf Baustellen großflächige Baugerüste vorhanden, und diese Baugerüste sind im Sinne der DIN VDE 0100-704 und DIN VDE 0100-540 als fremde leitfähige Teile zu betrachten. Danach ist ein fremdes leitfähiges Teil ein Teil, das nicht zur elektrischen Anlage gehört, das jedoch ein elektrisches Potential, im Allgemeinen das einer örtlichen Erde, einführen kann. Daher sind dem potenziellen Blitzstrom geeignete Wege in die Erde anzubieten, d. h., Gerüste werden mit einer Erdungsanlage verbunden. Außerdem muss zwischen den ausgedehnten metallenen Einrichtungen einer Baustelle, wie Gerüste, Fahrschienen von Kränen, ein blitzstromtragfähiger Potentialausgleich errichtet werden. Auf Baustellen wird oft mit großen Krananlagen gearbeitet. Turmdrehkrane sind durch ihre Höhe bevorzugte Einschlagsorte von Blitzen. DIN EN 62305-3 Beiblatt 2 (**VDE 0185-305-3 Beiblatt 2**) macht für Krane auf Baustellen folgende Aussage:

Ein Blitzschutzsystem, das für die Schutzklasse III ausgelegt ist, entspricht den normalen Anforderungen für nicht stationäre Einrichtungen:

- Krane werden mindestens zweimal geerdet.
- Kranschienen werden mindestens zweimal geerdet. Jede Schiene der Krangleisanlage wird an jedem Ende und bei mehr als 20 m Schienenlänge alle 20 m geerdet (**Bild 24.1**).
- Fundamenterder der Baumaßnahme, Maschinen, metallene Rohrleitungen werden im Umkreis bis zu 20 m um die Gleise mit den Schienen verbunden.
- Zum Schutz der elektrischen Anlagen und Betriebsmittel ist beim Netzanschluss ein Blitzschutz-Potentialausgleich erforderlich.
- Als Blitzschutz für Automobilkrane ist der Anschluss des Krans an einen Erder ausreichend.
- Als Erder haben sich Tiefenerder von jeweils 3 m Länge bewährt.

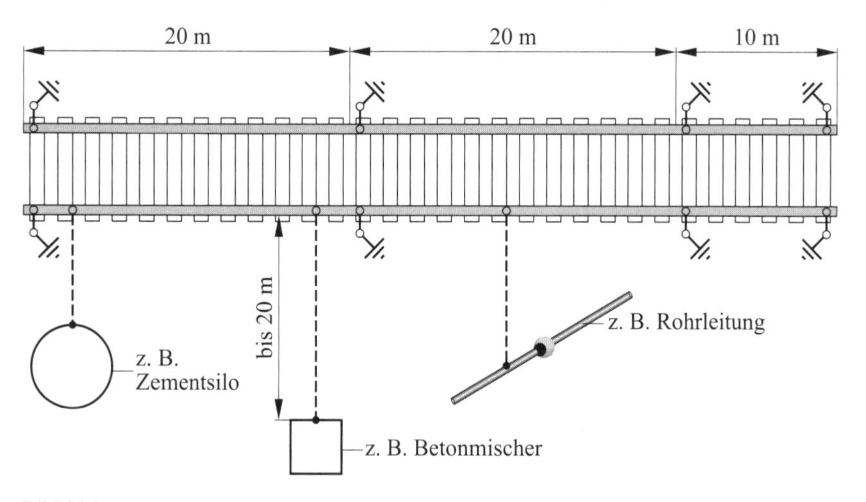

Bild 24.1 Erdung einer Kranschienenanlage

Voraussetzung für eine gute Blitzschutzanlage ist eine ordnungsgemäße Errichtung der Anlagen, ihre Erstprüfung sowie Wiederholungsprüfungen im Rahmen einer regelmäßigen Instandhaltung.

Merke! Der Blitzschutz besteht im Wesentlichen aus einer Erdung der Fahrschienen und einem Potentialausgleich mit vorhandenen Fundamenterdern oder Bewehrungen von Stahlbetonfundamenten und Maschinen und Rohrleitungen im Umkreis bis zu 20 m um die Fahrschienen.

Verhaltensmaßnahmen als vorbeugende Blitzschutzmaßnahmen durch Personen:

- Gerüste und oberste Stockwerke von Gebäuden verlassen,
- der Aufenthalt in der Nähe von Krananlagen und in Baubuden bzw. Wohnwagen vermeiden,
- Metallteile möglichst nicht berühren.

Tipp:

In DIN EN 62305-2 (**VDE 0185-305-2**) sind Checklisten enthalten, die eine Risikoanalyse und die Auswahl der am besten geeigneten Schutzmaßnahmen erleichtern helfen.

Literatur: Blitzplaner, 3. Auflage; Fa. Dehn + Söhne, 2013

Empfehlungen kurzgefasst: Brand- und Blitzschutz

- Brandgefahren können auf Baustellen eintreten durch die Brennbarkeit von Materialien und durch brandgefährliche Arbeiten.
- Entstehung eines Brands auf Baustellen schnell möglich durch brennbare Stoffe mit entsprechender Zündtemperatur und die Zündenergie von einer Wärmequelle, wie Leuchten oder Geräte.
- Elektrische Anlagen oder Betriebsmittel können ein Brandgeschehen auslösen durch Isolationsfehler, Überspannungen oder mechanische Einwirkungen.
- Leuchten spielen erfahrungsgemäß auf Baustellen eine herausragende negative Rolle.
- Die schnelle Abschaltung eines Fehlers ist für die Beseitigung der Brandgefahr entscheidend.
- Auf Baustellen ist die Fortleitung eines Brands durch Kabel- und Leitungsanlagen leicht gegeben; Schutz durch besondere Schottungsmaßnahmen.
- Flucht- und Rettungswege sind ständig freizuhalten.
- Blitzschutz: Großflächige Baugerüste sind im Sinne von DIN VDE 0100-540 als fremde leitfähige Teile anzusehen, die mit einer Erdungsanlage zu verbinden sind.
- Außerdem ist zwischen den metallenen Einrichtungen einer Baustelle, wie Gerüsten, Fahrschienen, ein blitzstromtragfähiger Potentialausgleich zu errichten.

25 Prüfung von elektrischen Anlagen und Betriebsmitteln

Die Prüfung ist ein wichtiger Bestandteil bei der Errichtung und vor der Inbetriebnahme elektrischer Anlagen. Die Erstprüfung begleitet alle Arbeiten der Errichtung, und Teile dieser Prüfungen schließen die Arbeiten der Errichtung ab. Auch bei einer Erweiterung bestehender Anlagen ist bei dem neuen Teil eine Erstprüfung durchzuführen. Die Forderungen an die Prüfungen sind in DIN VDE 0100-600 enthalten. Bei älteren Anlagen gelten jeweils die Bestimmungen, die zum Zeitpunkt der Errichtung der elektrischen Anlage gültig waren. Zu den Prüfungen gehören alle Maßnahmen, mit denen festgestellt werden kann, inwieweit die Ausführung der elektrischen Anlage mit den Errichtungsnormen übereinstimmt.

Prüfungen umfassen das Besichtigen, das Erproben, das Messen und das Dokumentieren in einem Prüfbericht. In der **Tabelle 25.1** sind die Bestandteile der Prüfungen erläutert.

Besichtigen	Erproben	Messen	Dokumentieren
Besichtigen ist das bewusste Ansehen einer elektrischen Anlage, um den ordnungsgemäßen Zustand festzustellen. Es ist Voraussetzung für das Erproben und Messen und muss vor dem Erproben und Messen durchgeführt werden.	Erproben umfasst die Durchführung von Maßnahmen in elektrischen Anlagen, durch welche die Wirksamkeit von Schutz- und Meldeeinrichtungen nachgewiesen werden soll.	Messen ist das Feststellen von Werten mit geeigneten Messgeräten, die für die Beurteilung der Wirksamkeit einer Schutz- und Meldeeinrichtung erforderlich und die durch Besichtigen und/oder Erproben nicht feststellbar sind.	Die Ergebnisse der Prüfungen sind in einem Prüfbericht zu dokumentieren. Das Protokoll soll so ausführlich sein, dass langfristig die Prüfungen nachzuvollziehen sind.
Inaugenscheinnahme und Vergleich des Zustands mit den Anforderungen aus den Normen; äußerlich erkennbare Mängel und Schäden an Betriebsmitteln und Isolationsfehler feststellen.	Überprüfen, z. B. Betätigen von Prüftasten, Probelauf.	Feststellen der Messwerte und Vergleich mit Grenzwerten.	Die Prüfungen müssen nicht nur in den Zahlenwerten dokumentiert, sondern auch entsprechend bewertet sein.

Tabelle 25.1 Bestandteile der Prüfungen und Dokumentation

In der „Baustellennorm“ DIN VDE 0100-704 sind zu Prüfungen keine besonderen Festlegungen enthalten, daher gelten auch auf Baustellen die Anforderungen aus DIN VDE 0100-600. Die Unfallverhütungsvorschriften BGI/GUV-I 608 (Baustellen), BGI/GUV-I 5190 (Auswahl des Prüfpersonals, Organisation und Dokumentation der Prüfungen) und die BGI/GUV-I 5090 (Prüfung ortsveränderlicher elektrischer Betriebsmittel) beinhalten Anforderungen, die nachfolgend übersichtlich zusammengefasst sind:

- Wichtig: Es wird eine Unterscheidung zu ortsfesten und ortsveränderlichen Betriebsmitteln gemacht.
- Ortsfeste Betriebsmittel auf Baustellen sind in regelmäßigen Abständen im Rahmen einer wiederkehrenden Prüfung durch eine befähigte Person (Elektrofachkraft) zu prüfen. Als Richtwert gilt eine Frist von einem Jahr.
- Ortsveränderliche Betriebsmittel auf Baustellen sind in regelmäßigen Abständen im Rahmen einer wiederkehrenden Prüfung durch eine befähigte Person (Elektrofachkraft; elektrotechnisch unterwiesene Person nur unter Aufsicht einer Elektrofachkraft) zu prüfen. Für die Prüfungen ist DIN VDE 0701-0702:2008-06 anzuwenden. Außerdem müssen die Betriebsmittel vor jeder Nutzung von dem jeweiligen Nutzer auf erkennbare äußere Schäden untersucht werden. Als Richtwert für die wiederkehrenden Prüfungen gilt eine Frist von etwa drei Monaten. Diese Frist kann in begründeten Fällen verlängert, aber auch verkürzt werden.
- Fehlerstromschutzeinrichtungen (RCDs) und Isolationsüberwachungseinrichtungen: arbeitstäglich von dem Nutzer durch Betätigung der Prüftaste auf ihre einwandfreie Funktion überprüfen und mindestens einmal monatlich eine Prüfung auf Wirksamkeit durch eine Elektrofachkraft oder elektrotechnisch unterwiesene Person durchführen (Kapitel 9).
- Dokumentation der Prüfungen und kennzeichnen der geprüften und als mängelfrei beurteilten Betriebsmittel.
- Ortsveränderliche Ersatzstromversorgungsanlagen: Vor jeder Benutzung vom Nutzer auf erkennbare äußere Schäden untersuchen und in regelmäßigen Abständen eine wiederkehrende Prüfung nach DIN VDE 0701-0702 durch eine befähigte Person durchführen. Eine Prüfung der Fehlerstromschutzeinrichtungen (RCDs) – falls vorhanden – ist wie oben beschrieben durchzuführen.

Tabelle 25.2 gibt einen Überblick über die Prüffristen und Prüfungen auf Baustellen.

Prüffrist	Anlage/Betriebsmittel	Prüfumfang	Prüfer
arbeitstäglich	Fehlerstromschutzeinrichtungen (RCDs) und Isolations-Überwachungsanlagen (IMDs)		Elektrofachkraft/ unterwiesene Person
vor jeder Benutzung	handgeführte Verbrauchsmittel		Benutzer
monatlich	Wirksamkeit der RCDs und IMDs		Elektrofachkraft/ unterwiesene Person
alle drei Monate	ortsveränderliche Betriebsmittel Anschlussleitungen mit Stecker Verlängerungs- und Gerätean- schlussleitungen	Widerstandsmessung: Schutzleiteranschluss und leitfähige Teile Überprüfung durch Besichtigen und Messen Überprüfung durch Besichtigen und Messen	Elektrofachkraft Elektrofachkraft/ unterwiesene Person
alle zwölf Monate	fest installierte Baustromversorgung	Widerstandsmessungen, Überprüfung des Erdungswiderstands	Elektrofachkraft/ unterwiesene Person

Tabelle 25.2 Zusammenfassung aller Prüffristen und Prüfungen auf Baustellen

Merke! Die Prüfung ist ein wichtiger Bestandteil bei der Errichtung und während des Betriebs elektrischer Anlagen und Betriebsmittel auf Baustellen.

Empfehlungen kurzgefasst: Prüfungen

- Erstprüfungen schließen die Arbeiten der Errichtung ab; auch bei Erweiterungen sind die neuen Teile der Anlage einer Erstprüfung zu unterziehen.
- Für die Anforderungen an die Prüfungen gilt auch auf Baustellen DIN VDE 0100-600.
- Ortsfeste Betriebsmittel auf Baustellen: regelmäßige Abstände einer Wiederholungsprüfung (Richtwert ein Jahr).
- Ortsveränderliche Betriebsmittel auf Baustellen: regelmäßige wiederkehrende Prüfung durch befähigte Person (Richtwert etwa drei Monate).
- RCDs: arbeitstäglich durch den Nutzer Prüftaste; mindestens monatlich durch befähigte Person einwandfreie Funktion überprüfen.
- Ortsveränderliche Ersatzstromversorgungsanlagen: Vor jeder Benutzung durch Nutzer auf erkennbare Mängel untersuchen und in regelmäßigen Abständen wiederkehrende Prüfung nach DIN VDE 0701-702 durch befähigte Person.

26 Betrieb und Instandhaltung von elektrischen Anlagen und Betriebsmitteln

Der Betrieb von elektrischen Anlagen (DIN VDE 0105-100 „Betrieb von elektrischen Anlagen"; Unfallverhütungsvorschrift BGV A3) umfasst das Bedienen und das Arbeiten. Das Bedienen elektrischer Anlagen und Betriebsmittel sind das Beobachten sowie das Schalten, Einstellen und Steuern. Das Beobachten kann vor, während oder nach dem Tätigwerden notwendig sein. Es dient sowohl dem Verhindern möglicher Unfälle (Personenschutz) als auch zur Feststellung des ordnungsgemäßen Funktionierens der elektrischen Anlagen und Betriebsmittel. Das Bedienen elektrischer Anlagen und Betriebsmittel durch elektrotechnische Laien darf nur bei vollständigem Schutz gegen direktes Berühren erfolgen.

Der Begriff Arbeiten an und in elektrischen Anlagen sowie an elektrischen Betriebsmitteln umfasst das Instandhalten, das Ändern und das Inbetriebnehmen. Zum Ändern zählen Maßnahmen, bei denen Teile einer Anlage durch andere Teile ersetzt oder Anlagen erweitert bzw. verkleinert werden. Zur Instandhaltung werden nach DIN 31051 alle Maßnahmen gezählt, die zur Bewahrung und Wiederherstellung des Sollzustands sowie zur Feststellung des Istzustands notwendig sind, also die Inspektion, die Wartung und die Instandsetzung.

Bei der Tätigkeit „Arbeit" ist zu unterscheiden, ob an Anlagen im spannungsfreien Zustand in der Nähe oder unmittelbar an unter Spannung stehenden Teilen gearbeitet wird. Für das Arbeiten an aktiven Teilen ist der spannungsfreie Zustand der Anlage herzustellen und für die Dauer der Arbeiten zu sichern. Dabei sind die fünf Sicherheitsregeln zu beachten:

- Freischalten,
- gegen Wiedereinschalten sichern,
- Spannungsfreiheit feststellen,
- Erden und Kurzschließen,
- benachbarte, unter Spannung stehende Teile abdecken oder abschranken.

Anstelle des Abdeckens oder Abschrankens benachbarter, unter Spannung stehender Teile kann ebenfalls ihr spannungsfreier Zustand hergestellt werden. Dies kann auch vorübergehend erforderlich werden, um die Arbeiten zum Abdecken oder Abschranken auszuführen. Das Arbeiten in der Nähe unter Spannung stehender Teile ist nur erlaubt, wenn:

- die aktiven Teile gegen direktes Berühren geschützt sind,
- der spannungsfreie Zustand hergestellt und sichergestellt ist,
- spannungsführende Teile entsprechend abgedeckt sind,
- zulässige Annäherungen nicht unterschritten werden (**Bild 26.1**).

Zu unterscheiden nach Bild 26.1 sind elektrotechnische Arbeiten durch Elektrofachkräfte oder elektrotechnisch unterwiesene Personen und nicht elektrotechnische Arbeiten (Hoch- und Tiefbauarbeiten, Arbeiten mit Hebezeugen, Baumaschinen, Erdarbeiten, Reinigungs- und Anstricharbeiten) durch elektrotechnische Laien.

Arbeiten an unter Spannung stehenden Teilen sind mit erhöhten Gefahren für das Montagepersonal verbunden. Deshalb wird von den Arbeitenden und Vorgesetzten ein hohes Maß an Kenntnissen, Erfahrungen und Verantwortungsbewusstsein verlangt. An unter Spannung stehenden Teilen darf nur gearbeitet werden, wenn alle erforderlichen Voraussetzungen erfüllt sind.

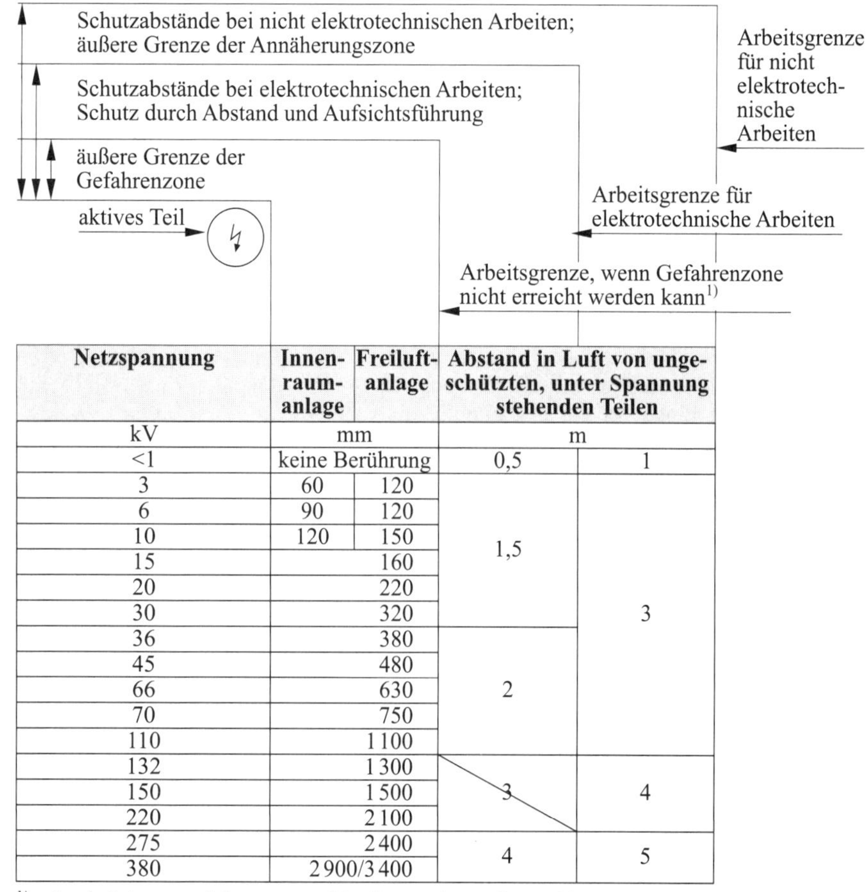

<table>
<tr><th>Netzspannung</th><th>Innenraumanlage</th><th>Freiluftanlage</th><th colspan="2">Abstand in Luft von ungeschützten, unter Spannung stehenden Teilen</th></tr>
<tr><td>kV</td><td colspan="2">mm</td><td colspan="2">m</td></tr>
<tr><td><1</td><td colspan="2">keine Berührung</td><td>0,5</td><td>1</td></tr>
<tr><td>3</td><td>60</td><td>120</td><td rowspan="7">1,5</td><td rowspan="12">3</td></tr>
<tr><td>6</td><td>90</td><td>120</td></tr>
<tr><td>10</td><td>120</td><td>150</td></tr>
<tr><td>15</td><td colspan="2">160</td></tr>
<tr><td>20</td><td colspan="2">220</td></tr>
<tr><td>30</td><td colspan="2">320</td></tr>
<tr><td>36</td><td colspan="2">380</td></tr>
<tr><td>45</td><td colspan="2">480</td><td rowspan="5">2</td></tr>
<tr><td>66</td><td colspan="2">630</td></tr>
<tr><td>70</td><td colspan="2">750</td></tr>
<tr><td>110</td><td colspan="2">1 100</td></tr>
<tr><td>132</td><td colspan="2">1 300</td><td rowspan="3">3</td><td rowspan="3">4</td></tr>
<tr><td>150</td><td colspan="2">1 500</td></tr>
<tr><td>220</td><td colspan="2">2 100</td></tr>
<tr><td>275</td><td colspan="2">2 400</td><td rowspan="2">4</td><td rowspan="2">5</td></tr>
<tr><td>380</td><td colspan="2">2 900/3 400</td></tr>
</table>

[1] durch Schutzvorrichtungen und Isolierung kann die Gefahrenzone weiter eingeengt werden

Bild 26.1 Zulässige Annäherungen bei Arbeiten in der Nähe aktiver Teile

Die Instandhaltung ist als übergeordneter Begriff die Gesamtheit aller Maßnahmen zur Bewahrung und Wiederherstellung des Sollzustands sowie zur Feststellung und Beurteilung des Ist-Zustands. Sie wird unterteilt in Inspektion, Wartung und Instandsetzung. Die Inspektion ist die Feststellung und Beurteilung des Istzustands und dient dem Zweck, notwendige Instandhaltungsmaßnahmen frühzeitig zu erkennen. Die Wartung beinhaltet Maßnahmen zur Bewahrung des Sollzustands und die Instandsetzung Maßnahmen zur Wiederherstellung des Sollzustands.

Instandhaltungsarbeiten an elektrischen Anlagen und Betriebsmitteln sind notwendig, um diese in einem sicheren und funktionierenden Zustand zu erhalten und vor Mängeln oder gar Ausfall zu schützen. Nach der Unfallverhütungsvorschrift BGI/GUV-I 608 dürfen Instandsetzungs- und Wartungsarbeiten nur von Elektrofachkräften ausgeführt werden. Elektrische Betriebs- und Verbrauchsmittel sind nach Feststellung von Mängeln sofort der weiteren Nutzung zu entziehen.

Wenn mechanische Wartungsarbeiten an einer Maschine, z. B. an einer Krananlage, durchgeführt werden sollen, müssen geeignete Maßnahmen vorgesehen werden, die ein unbeabsichtigtes Wiedereinschalten während der Instandhaltungsarbeiten verhindern. Das kann erreicht werden durch Verschließeinrichtungen, Warnhinweise oder durch Unterbringung der Schaltgeräte in einem abschließbaren Raum oder in dem abschließbaren Baustromverteiler. Geräte zum Ausschalten bei der Wartung können mehrpolige Lastschalter, Leistungsschalter oder Steckvorrichtungen sein. Diese Einrichtungen, die zum Ausschalten verwendet werden, müssen den Stromkreisen bzw. den Anlageteilen oder Maschinen eindeutig zugeordnet werden können. Daher ist eine eindeutige Kennzeichnung dringend durchzuführen. Zum Reinigen sind elektrische Geräte spannungsfrei zu schalten, wenn aktive Teile berührt werden können. Der spannungsfreie Zustand kann durch Herausziehen des Steckers, durch Herausnehmen (nicht nur lockern) von Sicherungseinsätzen bzw. Ausschalten von Leistungsschaltern hergestellt werden.

Schlecht instand gehaltene tragbare Elektrowerkzeuge auf Baustellen sind ein großes Risiko für die Sicherheit der Bauarbeiter, daher muss der Instandhaltung dieser Geräte besondere Aufmerksamkeit zukommen. Bei Kabeln und Leitungen, Verlängerungen, Stecker und Kupplungen treten oft Mängel auf, die durch genaue Inaugenscheinnahme erkannt werden können und die dann allerdings sofort instand gesetzt werden müssen, wie blanke Drähte, Beschädigung der Kabelmäntel, Risse in Gehäusen oder schlechte Verbindungsstellen.

Tipps für eine sichere Instandhaltung*

- Werkzeuge müssen vor der Wartung, Kalibrierung, dem Ölen, Reinigen oder der Reparatur unbedingt vom Netz getrennt werden.
- Bei der Instandsetzung und Wartung und beim Austausch von Teilen und Zubehör müssen die Anweisungen der Hersteller in den Bedienungsanleitungen befolgt werden.
- Zur Instandhaltung dürfen nur geeignete Werkzeuge und geeignete Ausrüstung verwendet werden.
- Instandhaltungsarbeiten dürfen nur von Elektrofachkräften durchgeführt werden.
- Werkzeuge dürfen in keinem Fall abgeändert werden, z. B. dürfen Schutzhauben nicht entfernt oder weggebunden werden. Sicherheitsvorkehrungen dürfen nicht beseitigt werden.
- Verbrauchsmittel, die Mängel aufweisen, sind sofort den Nutzern zu entziehen.

* Quelle: nach Aussagen der Europäischen Agentur für Sicherheit und Gesundheitsschutz am Arbeitsplatz

Empfehlungen kurzgefasst: Betrieb und Instandhaltung

- Für den Betrieb (Bedienen und Arbeiten) elektrischer Anlagen gelten DIN VDE 0105-100 und BGV A3.
- Bedienen durch elektrotechnische Laien darf nur bei vollständigem Schutz gegen direktes Berühren durchgeführt werden.
- Arbeiten an Anlagen im spannungsfreien Zustand oder in der Nähe oder unmittelbar an unter Spannung stehenden Teilen: fünf Sicherheitsregeln beachten! Kapitel 27; Bild 27.1.
- Instandhaltung besteht aus: Inspektion, Wartung, Instandsetzung, Änderung.
- Instandhaltung nur durch Elektrofachkräfte.

27 Elektrische Anlagen für Sicherheitszwecke

In der DIN VDE 0100-704 ist der Hinweis aufgenommen, dass es für Baustellen notwendig sein kann, Einrichtungen für Sicherheitszwecke, z. B. eine Beleuchtung von Rettungswegen, aufzunehmen. Ansonsten wird auf die DIN VDE 0100-560:2013-10 „Errichten von Niederspannungsanlagen – Einrichtungen für Sicherheitszwecke" verwiesen. Die elektrische Anlage für Sicherheitszwecke wird zum Schutz von Personen zur Verfügung gehalten, wenn die allgemeine Stromversorgung ausfällt. Es handelt sich also um Anlagen von der Stromquelle bis zu den Verbrauchsmitteln, die unabhängig von der allgemeinen Versorgung sein müssen.

Zum Schutz von Personen müssen bei Ausfall der allgemeinen Stromversorgung die elektrischen Anlagen für Sicherheitszwecke kurzfristig eingeschaltet werden. So wird z. B. verlangt, dass die Sicherheitsbeleuchtung der Rettungswege kurzfristig wirksam sein muss, um eine Panik zu vermeiden. Daraus folgt, dass bei Ausfall der allgemeinen Stromversorgung die Sicherheitsversorgung selbsttätig anlaufen bzw. einschalten muss. Es sind aber auch Anwendungsfälle denkbar, bei denen eine Einschaltung von Hand möglich ist, wenn eine längere Unterbrechungszeit zugestanden werden kann. Neben der Unterbrechungszeit ist die Versorgungsdauer eine Kenngröße für die Auslegung der Sicherheitsversorgung. Die Versorgungsdauer ist abhängig von der Zahl der Menschen, den Rettungswegen und der Räumungszeit. Während der Versorgungsdauer müssen die elektrischen Anlagen für Sicherheitszwecke einem Brand widerstehen können.

In der BGI 867 ist gefordert, dass als Stromquelle für Sicherheitszwecke die Anforderungen der DIN VDE 0100-560 und DIN VDE 0100-718 gelten und nach DIN VDE 0100-560:2013-10 sind folgende Stromquellen für Sicherheitszwecke zulässig:

- wiederaufladbare Batterien,
- Primärelemente,
- Generatoren, deren Antriebsmaschine unabhängig von der allgemeinen Stromversorgung ist,
- separate Einspeisung aus dem öffentlichen Versorgungsnetz, das von der normalen Einspeisung unabhängig ist.

Wenn nur eine Stromquelle für Sicherheitszwecke vorhanden ist, darf diese nicht für andere Zwecke verwendet werden. Falls jedoch mehrere Stromquellen vorhanden sind, dürfen diese auch für andere Ersatzstromanwendungen eingesetzt werden, wenn bei Ausfall einer Stromquelle die verbleibende Leistung für das Anfahren und den Betrieb der Sicherheitseinrichtungen ausreicht. Das erfordert im Allgemeinen die automatische Abschaltung von Verbrauchsmitteln, die keinen Sicherheitszwecken dienen. Bei nur einer Stromquelle für die Sicherheitsversorgung darf diese nicht für andere Zwecke verwendet werden.

Die Sicherheitsbeleuchtung ist abhängig von der Größenordnung der Baustelle notwendig, daher einige Feststellungen zu Funktionen der Sicherheitsbeleuchtung:

- Beleuchtung der Rettungswege,
- Beleuchtung der Wege, um in den sichereren Bereich zu gelangen,
- ausreichende Beleuchtung der Brandbekämpfungseinrichtungen oder Meldeeinrichtungen entlang der Rettungswege,
- erlaubt das Arbeiten in Verbindung mit Sicherheitsmaßnahmen,
- wird nicht nur bei vollständigem Ausfall der allgemeinen Stromversorgung wirksam, sondern auch bei Ausfall eines Endstromkreises,
- muss nicht zur Fortsetzung der normalen Tätigkeit bei Ausfall der allgemeinen Stromversorgung ausgelegt sein.

Für die Sicherheitsstromversorgung sind Schutzmaßnahmen bei indirektem Berühren (Fehlerschutz) ohne selbsttätige Abschaltung beim ersten Fehler (IT-System mit Isolationsüberwachung) zu bevorzugen. Der Fehlerschutz ist allerdings nur bei Betriebsspannungen erforderlich, die größer sind als 50 V Wechselspannung bzw. 120 V Gleichspannung.

Anforderungen an Stromkreise und Leitungen:

- Anordnung und Verlegung der Stromkreise für Sicherheitszwecke getrennt von denen der allgemeinen Versorgung.
- Eine gegenseitige Beeinflussung der Betriebssicherheit bei Fehlern, Eingriffen oder Änderungen muss vermieden werden.
- Räumlich getrennte Verlegung der Leitungen und Kabel oder in getrennter Umhüllung.
- Kabel und Leitungen dürfen nicht durch feuergefährdete Betriebsstätten geführt werden, es sei denn, sie sind durch ihre Eigenschaften oder Anordnung schwer entflammbar.
- Das Durchführen von Kabeln und Leitungen durch explosionsgefährdete Bereiche ist verboten.
- Der Schutz bei Überlast darf entfallen.
- Schalt- und Steuergeräte müssen eindeutig gekennzeichnet sein und dürfen nur Elektrofachkräften bzw. elektrotechnisch unterwiesenen Personen zugänglich sein.
- Alarmeinrichtungen müssen eindeutig gekennzeichnet sein.

Anforderungen an Verbrauchsmittel:

- Lampen in Beleuchtungsanlagen für Sicherheitszwecke müssen auf die Einschaltverzögerung der Stromquelle (Unterbrechungszeit) und auf die vorgesehene Beleuchtungsstärke abgestimmt sein,
- festgelegte Mindestwerte der Beleuchtungsstärken sind einzuhalten.

Merke! Auf Baustellen kann es notwendig werden, Einrichtungen für Sicherheitszwecke, wie für die Beleuchtung der Rettungswege, zu errichten. Es gelten dann die Anforderungen aus DIN VDE 0100-560: „Einrichtungen für Sicherheitszwecke“ bzw. es können die kurzgefassten Anforderungen dem obigen Text entnommen werden. Unabhängigkeit von der allgemeinen Stromversorgung ist für Einrichtungen der Sicherheitszweck wichtig.

Empfehlungen kurzgefasst: Sicherheitszwecke

- Wichtige Anforderungen in DIN VDE 0100-560:2013-10,
- Stromquelle für Sicherheitszwecke darf nicht für andere Zwecke eingesetzt werden,
- bei Ausfall der allgemeinen Stromversorgung muss die Sicherheitsversorgung selbsttätig einschalten,
- Stromkreise für Sicherheitszwecke getrennt von Stromkreisen für die allgemeine Versorgung,
- Kabel und Leitungen nicht durch feuergefährdete Betriebsstätten.

Literatur

[1] *Biegelmeier, G.*; *Kiefer, G.*; *Krefter, K.-H.*: Schutz in elektrischen Anlagen. VDE-Schriftenreihe Band 83. Berlin · Offenbach: VDE VERLAG, 2001. – ISBN 3-8007-2051-5, ISSN 0506-6719

[2] *Bödeker, K.*; *Feulner, D.*; *Kammerhoff, U.*; *Kindermann, R.*: Prüfung elektrischer Geräte in der betrieblichen Praxis. VDE-Schriftenreihe Band 62. 7. Aufl., Berlin · Offenbach: VDE VERLAG, 2014. – ISBN 978-3-8007-3615-7, ISSN 0506-6719

[3] *Cichowski, R. R.* (Hrsg.): Anlagentechnik für elektrische Verteilungsnetze, Buchreihe mit mehr als 20 Einzelbänden. Berlin · Offenbach: VDE VERLAG, 1991 – 2014

[4] *Cichowski, R. R.*; *Cichowski, A.*: Lexikon der Anlagentechnik. Berlin · Offenbach: VDE VERLAG, 2013. – ISBN 978-3-8007-3561-7

[5] *Cichowski, R. R.*; *Cichowski, A.*: Lexikon der Installationstechnik. VDE-Schriftenreihe Band 52. 4. Aufl., Berlin · Offenbach: VDE VERLAG, 2013. – ISBN 978-3-8007-3514-3, ISSN 0506-6719

[6] *Cichowski, R. R.* (Hrsg.): Jahrbuch der Anlagentechnik. Frankfurt am Main (u. a.): ew Medien und Kongresse, 2008 – 2013 sowie Berlin · Offenbach: VDE VERLAG, 2007

[7] *Gerber, G.*: Brandmeldeanlagen. 3. Aufl., München · Heidelberg: Hüthig & Pflaum, 2013. – ISBN 978-3-8101-0343-7

[8] *Häberle, H. O.*: Einführung in die Elektroinstallation. 7. Aufl., München · Heidelberg: Hüthig & Pflaum, 2014. – ISBN 978-3-8101-0368-0

[9] *Hasse, P.*; *Kathrein, W.*; *Kehne, H.*: Arbeitsschutz in elektrischen Anlagen. VDE-Schriftenreihe Band 48. 4. Aufl., Berlin · Offenbach: VDE VERLAG, 2003. – ISBN 3-8007-2762-5, ISSN 0506-6719

[10] *Heinold, L.*; *Stubbe, R.* (Hrsg.): Kabel und Leitungen für Starkstrom. 5. Aufl., Erlangen: Publicis-Verlag, 1999. – ISBN 3-89578-088-X

[11] *Hennig, W.*: VDE-Prüfung nach BetrSichV, TRBS und BGV A3. VDE-Schriftenreihe Band 43. 10. Aufl., Berlin · Offenbach: VDE VERLAG, 2012. – ISBN 978-3-8007-3440-5, ISSN 0506-6719

[12] *Heyder, P.*; *Lenzkes, D.*; *Rudnik, S.*: Elektrische Ausrüstung von Maschinen und maschinellen Anlagen. VDE-Schriftenreihe Band 26. 6. Aufl., Berlin · Offenbach: VDE VERLAG, 2009. – ISBN 978-3-8007-2814-5, ISSN 0506-6719

[13] *Hoffmann, R.*; *Bergmann, A.* (Hrsg.): Betrieb von elektrischen Anlagen. 10. Aufl., Berlin · Offenbach: VDE VERLAG, 2010. – ISBN 978-3-8007-3268-5, ISSN 0506-6719

[14] *Hofheinz, W.*: Fehlerstrom-Überwachung in elektrischen Anlagen. VDE-Schriftenreihe Band 113. 2. Aufl., Berlin · Offenbach: VDE VERLAG, 2008. – ISBN 978-3-8007-3121-3, ISSN 0506-6719

[15] *Hofheinz, W.*: Schutztechnik mit Isolationsüberwachung. VDE-Schriftenreihe Band 114. 3. Aufl., Berlin · Offenbach: VDE VERLAG, 2011. – ISBN 978-3-8007-3362-0, ISSN 0506-6719

[16] *Hörmann, W.*; *Schröder, B.*: Schutz gegen elektrischen Schlag in Niederspannungsanlagen. VDE-Schriftenreihe Band 140. 4. Aufl., Berlin · Offenbach: VDE VERLAG, 2010. – ISBN 978-3-8007-3190-9, ISSN 0506-6719

[17] *Hösl, A.*; *Ayx, R.*; *Busch, H. W.*: Die vorschriftsmäßige Elektroinstallation. 20. Aufl., Berlin · Offenbach: VDE VERLAG, 2012. – ISBN 978-3-8007-3237-1, ISSN 0506-6719

[18] *Just, W.*; *Hofmann, W.*: Blindstromkompensation in der Betriebspraxis. 4. Aufl., Berlin · Offenbach: VDE VERLAG, 2003. – ISBN 3-8007-2651-3

[19] *Schmolke, H.*: DIN VDE 0100 richtig angewandt. VDE-Schriftenreihe Band 106. 6. Aufl., Berlin · Offenbach: VDE VERLAG, 2013. – ISBN 978-3-8007-3526-6, ISSN 0506-6719

[20] *Kiefer, G.*; *Schmolke, H.*: VDE 0100 und die Praxis. 15. Aufl., Berlin · Offenbach: VDE VERLAG, 2014. – ISBN 978-3-8007-3616-4

[21] *Krefter, K.-H.*; *Schmolke, H.*: DIN VDE 0100. VDE-Schriftenreihe Band 105. 3. Aufl., Berlin · Offenbach: VDE VERLAG, 2012. – ISBN 978-3-8007-3472-6, ISSN 0506-6719

[22] *Kreienberg, M.*: Wo steht was im VDE-Vorschriftenwerk? 2014 VDE-Schriftenreihe Band 1. Berlin · Offenbach: VDE VERLAG, 2014. – ISBN 978-3-8007-3573-0, ISSN 0506-6719

[23] *Lenzkes, D.*; *Kunze, H.-J.*: Elektrische Ausrüstung von Hebezeugen. VDE-Schriftenreihe Band 60. 3. Aufl., Berlin · Offenbach: VDE VERLAG, 2006. – ISBN 978-3-8007-2865-7, ISSN 0506-6719

[24] *Neumann, T.*: Betriebssicherheitsverordnung in der Elektrotechnik. VDE-Schriftenreihe Band 121. 4. Aufl., Berlin · Offenbach: VDE VERLAG, 2010. – ISBN 978-3-8007-3288-3, ISSN 0506-6719

[25] *Pusch, P.*: Schaltberechtigung für Elektrofachkräfte und befähigte Personen. VDE-Schriftenreihe Band 79. 7. Aufl., Berlin · Offenbach: VDE VERLAG, 2013. – ISBN 978-3-8007-3501-3, ISSN 0506-6719

[26] *Rudnik, S.*: EMV-Fibel für Elektroinstallateure und Planer. VDE-Schriftenreihe Band 55. 2. Aufl., Berlin · Offenbach: VDE VERLAG, 2011. – ISBN 978-3-8007-3368-2, ISSN 0506-6719

[27] RWE Bau-Handbuch. 15. Aufl., Frankfurt am Main: ew Medien und Kongresse, 2014. – ISBN 978-3-8022-1124-9

[28] *Schmolke, H.*: Potentialausgleich, Fundamenterder, Korrosionsgefährdung. VDE-Schriftenreihe Band 35. 8. Aufl., Berlin · Offenbach: VDE VERLAG, 2013. – ISBN 978-3-8007-3545-7, ISSN 0506-6719

[29] *Schmolke, H.*: Auswahl und Bemessung von Kabel und Leitungen. 5. Aufl., München · Heidelberg: Huthig & Pflaum, 2013. – ISBN 978-3-8101-0356-7

[30] *Schultke, H.*; *Fuchs, W.*: ABC der Elektroinstallation. 15. Aufl., Frankfurt am Main: ew Medien und Kongresse, 2012. – ISBN 978-3-8022-1055-6

[31] *Spindler, U.*: Schutz bei Überlast und Kurzschluss in elektrischen Anlagen. VDE-Schriftenreihe Band 143. 3. Aufl., Berlin · Offenbach: VDE VERLAG, 2010. – ISBN 978-3-8007-3283-8, ISSN 0506-6719

[32] Baustellenverordnung. Verordnung über Sicherheit und Gesundheitsschutz auf Baustellen (BaustellV) vom 10. Juni 1998. BGBl I 60 (1998) Nr. 35 vom 18.06.1998, S. 1283–1285. – ISSN 0341-1095

[33] *Warner, A.*; *Kloska, S.*: Kurzzeichen an elektrischen Betriebsmitteln. VDE-Schriftenreihe Band 15. 5. Aufl., Berlin · Offenbach: VDE VERLAG, 2006. – ISBN 978-3-8007-2683-7, ISSN 0506-6719

Normenverzeichnis

BGBl I, 2004, Nr. 44,
S. 2179 – 2189
Verordnung über Arbeitsstätten
Arbeitsstättenverordnung – ArbStättV

BGI/GUV-I 608:
2012-05
Auswahl und Betrieb elektrischer Anlagen und Betriebsmittel auf Bau- und Montagestellen

BGV A1:
2004-01
Unfallverhütungsvorschrift
Grundsätze der Prävention

BGV A3:
2007
Unfallverhütungsvorschrift
Elektrische Anlagen und Betriebsmittel

BGV C22:
2002
Unfallverhütungsvorschrift
Bauarbeiten

BGV D1:
2001-04
Unfallverhütungsvorschrift
Schweißen, Schneiden und verwandte Verfahren

DIN 18014:
2014-03
Fundamenterder – Planung, Ausführung und Dokumentation

DIN 31000
(VDE 1000):
2011-05
Allgemeine Leitsätze für das sicherheitsgerechte Gestalten von Produkten

DIN 40200:
1981-10
Nennwert, Grenzwert, Bemessungswert, Bemessungsdaten
Begriffe

DIN 4102-9:
1990-05
Brandverhalten von Baustoffen und Bauteilen
Kabelabschottungen; Begriffe, Anforderungen und Prüfungen

DIN 43627:
1992-07
Kabel-Hausanschlußkästen für NH-Sicherungen Größe 00 bis 100 A 500 V und Größe 1 bis 250 A 500 V

DIN 4420-2:
1990-12
Arbeits- und Schutzgerüste
Leitergerüste; Sicherheitstechnische Anforderungen

DIN 57250-1
(VDE 0250-1):
1981-10
Isolierte Starkstromleitungen
Allgemeine Festlegungen

DIN 57635
(VDE 0635):
1984-02
Niederspannungssicherungen
D-Sicherungen E 16 bis 25 A, 500 V; D-Sicherungen bis 100 A, 750 V; D-Sicherungen bis 100 A, 500 V

DIN EN 50085-1 (VDE 0604-1): 2014-05	**Elektroinstallationskanalsysteme für elektrische Installationen** Teil 1: Allgemeine Anforderungen
DIN EN 50172 (VDE 0108-100): 2005-01	**Sicherheitsbeleuchtungsanlagen**
DIN EN 50178 (VDE 0160): 1998-04	**Ausrüstung von Starkstromanlagen mit elektronischen Betriebsmitteln**
DIN EN 50272-1 (VDE 0510-1): 2011-10	**Sicherheitsanforderungen an Batterien und Batterieanlagen** Teil 1: Allgemeine Sicherheitsinformationen
DIN EN 50274 (VDE 0660-514): 2002-11	**Niederspannungs-Schaltgerätekombinationen** Schutz gegen elektrischen Schlag – Schutz gegen unabsichtliches direktes Berühren gefährlicher aktiver Teile
DIN EN 50423-1 (VDE 0210-1): 2013-11	**Freileitungen über AC 1 kV bis einschließlich AC 45 kV** Teil 1: Allgemeine Anforderungen – Gemeinsame Festlegungen
DIN EN 50525-1 (VDE 0285-525-1): 2012-01	**Kabel und Leitungen – Starkstromleitungen mit Nennspannungen bis 450/750 V (U_0/U)** Teil 1: Allgemeine Anforderungen
DIN EN 60079-14 (VDE 0165-1): 2014-10	**Explosionsgefährdete Bereiche** Teil 14: Projektierung, Auswahl und Errichtung elektrischer Anlagen
DIN EN 60085 (VDE 0301-1): 2008-08	**Elektrische Isolierung** Thermische Bewertung und Bezeichnung
DIN EN 60137 (VDE 0674-5): 2009-07	**Isolierte Durchführungen für Wechselspannungen über 1 000 V**
DIN EN 60204-32 (VDE 0113-32): 2009-03	**Sicherheit von Maschinen – Elektrische Ausrüstung von Maschinen** Teil 32: Anforderungen für Hebezeuge
DIN EN 60228 (VDE 0295): 2005-09	**Leiter für Kabel und isolierte Leitungen**

DIN EN 60269-1 (VDE 0636-1): 2010-03
Niederspannungssicherungen
Teil 1: Allgemeine Anforderungen

DIN EN 60282-1 (VDE 0670-4): 2010-08
Hochspannungssicherungen
Teil 1: Strombegrenzende Sicherungen

DIN EN 60309-1 (VDE 0623-1): 2013-02
Stecker, Steckdosen und Kupplungen für industrielle Anwendungen
Teil 1: Allgemeine Anforderungen

DIN EN 60309-2 (VDE 0623-2): 2013-01
Stecker, Steckdosen und Kupplungen für industrielle Anwendungen
Teil 2: Anforderungen und Hauptmaße für die Austauschbarkeit von Stift- und Buchsensteckvorrichtungen

DIN EN 60439-1 (VDE 0660-500 Beiblatt 2): 2009-05
Niederspannungs-Schaltgerätekombinationen
Teil 1: Typgeprüfte und partiell typgeprüfte Kombinationen – Technischer Bericht: Verfahren für die Prüfung unter Störlichtbogenbedingungen

DIN EN 60529 (VDE 0470-1): 2014-09
Schutzarten durch Gehäuse (IP-Code)

DIN EN 60598-1 (VDE 0711-1): 2009-09
Leuchten
Teil 1: Allgemeine Anforderungen und Prüfungen

DIN EN 60745-1 (VDE 0740-1): 2010-01
Handgeführte motorbetriebene Elektrowerkzeuge – Sicherheit
Teil 1: Allgemeine Anforderungen

DIN EN 60799 (VDE 0626): 1999-06
Geräteanschlußleitungen und Weiterverbindungs-Geräteanschlußleitungen

DIN EN 60865-1 (VDE 0103): 2012-09
Kurzschlussströme – Berechnung der Wirkung
Teil 1: Begriffe und Berechnungsverfahren

DIN EN 60898-1 (VDE 0641-11): 2006-03
Elektrisches Installationsmaterial – Leitungsschutzschalter für Hausinstallationen und ähnliche Zwecke
Teil 1: Leitungsschutzschalter für Wechselstrom (AC)

DIN EN 60900 (VDE 0682-201): 2013-04
Arbeiten unter Spannung
Handwerkzeuge zum Gebrauch bis AC 1 000 V und DC 1 500 V

DIN EN 61008-1 (VDE 0664-10): 2013-08	**Fehlerstrom-/Differenzstrom-Schutzschalter ohne eingebauten Überstromschutz (RCCBs) für Hausinstallationen und für ähnliche Anwendungen** Teil 1: Allgemeine Anforderungen
DIN EN 61140 (VDE 0140-1): 2007-03	**Schutz gegen elektrischen Schlag** Gemeinsame Anforderungen für Anlagen und Betriebsmittel
DIN EN 61230 (VDE 0683-100): 2009-07	**Arbeiten unter Spannung** Ortsveränderliche Geräte zum Erden oder Erden und Kurzschließen
DIN EN 61242 (VDE 0620-300): 2008-12	**Elektrisches Installationsmaterial** Leitungsroller für den Hausgebrauch und ähnliche Zwecke
DIN EN 61243-3 (VDE 0682-401): 2011-02	**Arbeiten unter Spannung – Spannungsprüfer** Teil 3: Zweipoliger Spannungsprüfer für Niederspannungsnetze
DIN EN 61316 (VDE 0623-100): 2000-09	**Leitungsroller für industrielle Anwendung**
DIN EN 61347-1 (VDE 0712-30): 2013-11	**Geräte für Lampen** Teil 1: Allgemeine und Sicherheitsanforderungen
DIN EN 61386-1 (VDE 0605-1): 2009-03	**Elektroinstallationsrohrsysteme für elektrische Energie und für Informationen** Teil 1: Allgemeine Anforderungen
DIN EN 61439-3 (VDE 0660-600-3): 2013-02	**Niederspannungs-Schaltgerätekombinationen** Teil 3: Installationsverteiler für die Bedienung durch Laien (DBO)
DIN EN 61439-4 (VDE 0660-600-4): 2013-09	**Niederspannungs-Schaltgerätekombinationen** Teil 4: Besondere Anforderungen an Baustromverteiler (BV)
DIN EN 61535 (VDE 0606-200): 2013-08	**Installationssteckverbinder für dauernde Verbindung in festen Installationen**
DIN EN 61549 (VDE 0715-12): 2013-05	**Sonderlampen**

DIN EN 61557-1 (VDE 0413-1): 2007-12	**Elektrische Sicherheit in Niederspannungsnetzen bis AC 1 000 V und DC 1 500 V – Geräte zum Prüfen, Messen oder Überwachen von Schutzmaßnahmen** Teil 1: Allgemeine Anforderungen
DIN EN 61557-2 (VDE 0413-2): 2008-02	**Elektrische Sicherheit in Niederspannungsnetzen bis AC 1 000 V und DC 1 500 V – Geräte zum Prüfen, Messen oder Überwachen von Schutzmaßnahmen** Teil 2: Isolationswiderstand
DIN EN 61557-8 (VDE 0413-8): 2007-12	**Elektrische Sicherheit in Niederspannungsnetzen bis AC 1 000 V und DC 1 500 V – Geräte zum Prüfen, Messen oder Überwachen von Schutzmaßnahmen** Teil 8: Isolationsüberwachungsgeräte für IT-Systeme
DIN EN 61643-11 (VDE 0675-6-11): 2013-04	**Überspannungsschutzgeräte für Niederspannung** Teil 11: Überspannungsschutzgeräte für den Einsatz in Niederspannungsanlagen – Anforderungen und Prüfungen
DIN EN 61936-1 (VDE 0101-1): 2011-11	**Starkstromanlagen mit Nennwechselspannungen über 1 kV** Teil 1: Allgemeine Bestimmungen
DIN EN 62020 (VDE 0663): 2005-11	**Elektrisches Installationsmaterial** Differenzstrom-Überwachungsgeräte für Hausinstallationen und ähnliche Verwendungen (RCMs)
DIN EN 62305-1 (VDE 0185-305-1): 2011-10	**Blitzschutz** Teil 1: Allgemeine Grundsätze
DIN EN 62305-2 (VDE 0185-305-2): 2013-02	**Blitzschutz** Teil 2: Risiko-Management
DIN EN 62305-3 (VDE 0185-305-3): 2011-10	**Blitzschutz** Teil 3: Schutz von baulichen Anlagen und Personen
DIN EN 62305-4 (VDE 0185-305-4): 2011-10	**Blitzschutz** Teil 4: Elektrische und elektronische Systeme in baulichen Anlagen

E DIN IEC 60364-5-53 (VDE 0100-534): 2012-01
Errichten von Niederspannungsanlagen
Teil 5-53: Auswahl und Errichtung elektrischer Betriebsmittel – Trennen, Schalten und Steuern – Änderung 2: Abschnitt 534 – Überspannung-Schutzeinrichtungen

DIN IEC/TS 60479-1 (VDE V 0140-479-1): 2007-05
Wirkungen des elektrischen Stromes auf Menschen und Nutztiere
Teil 1: Allgemeine Aspekte

DIN VDE 0100 (VDE 0100 Beiblatt 5): 1995-11
Errichten von Starkstromanlagen mit Nennspannungen bis 1 000 V
Maximal zulässige Längen von Kabeln und Leitungen unter Berücksichtigung des Schutzes bei indirektem Berühren, des Schutzes bei Kurzschluß und des Spannungsfalls

DIN VDE 0100-100 (VDE 0100-100): 2009-06
Errichten von Niederspannungsanlagen
Teil 1: Allgemeine Grundsätze, Bestimmungen allgemeiner Merkmale, Begriffe

DIN VDE 0100-200 (VDE 0100-200): 2006-06
Errichten von Niederspannungsanlagen
Teil 200: Begriffe

DIN VDE 0100-410 (VDE 0100-410): 2007-06
Errichten von Niederspannungsanlagen
Teil 4-41: Schutzmaßnahmen – Schutz gegen elektrischen Schlag

DIN VDE 0100-420 (VDE 0100-420): 2013-02
Errichten von Niederspannungsanlagen
Teil 4-42: Schutzmaßnahmen – Schutz gegen thermische Auswirkungen

DIN VDE 0100-430 (VDE 0100-430): 2010-10
Errichten von Niederspannungsanlagen
Teil 4-43: Schutzmaßnahmen – Schutz bei Überstrom

DIN VDE 0100-442 (VDE 0100-442): 2013-06
Errichten von Niederspannungsanlagen
Teil 4-442: Schutzmaßnahmen – Schutz von Niederspannungsanlagen bei vorübergehenden Überspannungen infolge von Erdschlüssen im Hochspannungsnetz und bei Fehlern im Niederspannungsnetz

DIN VDE 0100-443 (VDE 0100-443): 2007-06
Errichten von Niederspannungsanlagen
Teil 4-44: Schutzmaßnahmen – Schutz bei Störspannungen und elektromagnetischen Störgrößen – Abschnitt 443: Schutz bei Überspannungen infolge atmosphärischer Einflüsse oder von Schaltvorgängen

DIN VDE 0100-444 (VDE 0100-444): 2010-10	**Errichten von Niederspannungsanlagen** Teil 4-444: Schutzmaßnahmen – Schutz bei Störspannungen und elektromagnetischen Störgrößen
DIN VDE 0100-450 (VDE 0100-450): 1990-03	**Errichten von Starkstromanlagen mit Nennspannungen bis 1 000 V** Schutzmaßnahmen; Schutz gegen Unterspannung
DIN VDE 0100-460 (VDE 0100-460): 2002-08	**Errichten von Niederspannungsanlagen** Schutzmaßnahmen – Trennen und Schalten
DIN VDE 0100-510 (VDE 0100-510): 2014-10	**Errichten von Niederspannungsanlagen** Teil 5-51: Auswahl und Errichtung elektrischer Betriebsmittel – Allgemeine Bestimmungen
DIN VDE 0100-520 (VDE 0100-520): 2013-06	**Errichten von Niederspannungsanlagen** Teil 5-52: Auswahl und Errichtung elektrischer Betriebsmittel – Kabel- und Leitungsanlagen
DIN VDE 0100-530 (VDE 0100-530): 2011-06	**Errichten von Niederspannungsanlagen** Teil 530: Auswahl und Errichtung elektrischer Betriebsmittel – Schalt- und Steuergeräte
DIN VDE 0100-537 (VDE 0100-537): 1999-06	**Elektrische Anlagen von Gebäuden** Auswahl und Errichtung elektrischer Betriebsmittel – Geräte zum Trennen und Schalten
DIN VDE 0100-540 (VDE 0100-540): 2012-06	**Errichten von Niederspannungsanlagen** Teil 5-54: Auswahl und Errichtung elektrischer Betriebsmittel – Erdungsanlagen und Schutzleiter
DIN VDE 0100-550 (VDE 0100-550): 1988-04	**Errichten von Starkstromanlagen mit Nennspannungen bis 1 000 V** Auswahl und Errichtung elektrischer Betriebsmittel – Steckvorrichtungen, Schalter und Installationsgeräte
DIN VDE 0100-557 (VDE 0100-557): 2014-10	**Errichten von Niederspannungsanlagen** Teil 5-55: Auswahl und Errichtung elektrischer Betriebsmittel – Andere Betriebsmittel – Abschnitt 557: Hilfsstromkreise
DIN VDE 0100-559 (VDE 0100-559): 2014-02	**Errichten von Niederspannungsanlagen** Teil 5-559: Auswahl und Errichtung elektrischer Betriebsmittel – Leuchten und Beleuchtungsanlagen
DIN VDE 0100-560 (VDE 0100-560): 2013-10	**Errichten von Niederspannungsanlagen** Teil 5-56: Auswahl und Errichtung elektrischer Betriebsmittel – Einrichtungen für Sicherheitszwecke

DIN VDE 0100-600 (VDE 0100-600): 2008-06	**Errichten von Niederspannungsanlagen** Teil 6: Prüfungen
DIN VDE 0100-704 (VDE 0100-704): 2007-10	**Errichten von Niederspannungsanlagen** Teil 7-704: Anforderungen für Betriebsstätten, Räume und Anlagen besonderer Art – Baustellen
DIN VDE 0100-706 (VDE 0100-706): 2007-10	**Errichten von Niederspannungsanlagen** Teil 7-706: Anforderungen für Betriebsstätten, Räume und Anlagen besonderer Art – Leitfähige Bereiche mit begrenzter Bewegungsfreiheit
DIN VDE 0100-711 (VDE 0100-711): 2003-11	**Errichten von Niederspannungsanlagen – Anforderungen für Betriebsstätten, Räume und Anlagen besonderer Art** Teil 711: Ausstellungen, Shows und Stände
DIN VDE 0100-712 (VDE 0100-712): 2006-06	**Errichten von Niederspannungsanlagen** Teil 7-712: Anforderungen für Betriebsstätten, Räume und Anlagen besonderer Art – Solar-Photovoltaik-(PV)-Stromversorgungssysteme
DIN VDE 0100-714 (VDE 0100-714): 2014-02	**Errichten von Niederspannungsanlagen** Teil 7-714: Anforderungen für Betriebsstätten, Räume und Anlagen besonderer Art – Beleuchtungsanlagen im Freien
DIN VDE 0100-717 (VDE 0100-717): 2010-10	**Errichten von Niederspannungsanlagen** Teil 7-717: Anforderungen für Betriebsstätten, Räume und Anlagen besonderer Art – Ortsveränderliche oder transportable Baueinheiten
DIN VDE 0100-718 (VDE 0100-718): 2014-06	**Errichten von Niederspannungsanlagen** Teil 7-718: Anforderungen für Betriebsstätten, Räume und Anlagen besonderer Art – Öffentliche Einrichtungen und Arbeitsstätten
DIN VDE 0100-721 (VDE 0100-721): 2010-02	**Errichten von Niederspannungsanlagen** Teil 7-721: Anforderungen für Betriebsstätten, Räume und Anlagen besonderer Art – Elektrische Anlagen von Caravans und Motorcaravans
DIN VDE 0100-729 (VDE 0100-729): 2010-02	**Errichten von Niederspannungsanlagen** Teil 7-729: Anforderungen für Betriebsstätten, Räume und Anlagen besonderer Art – Bedienungsgänge und Wartungsgänge

DIN VDE 0100-731 (VDE 0100-731): 2014-10	**Errichten von Niederspannungsanlagen** Teil 7-731: Anforderungen für Betriebsstätten, Räume und Anlagen besonderer Art – Abgeschlossene elektrische Betriebsstätten
DIN VDE 0100-732 (VDE 0100-732): 1995-07	**Errichten von Starkstromanlagen mit Nennspannungen bis 1 000 V** Hausanschlüsse in öffentlichen Kabelnetzen
DIN VDE 0100-737 (VDE 0100-737): 2002-01	**Errichten von Niederspannungsanlagen** Feuchte und nasse Bereiche und Räume und Anlagen im Freien
DIN VDE 0100-740 (VDE 0100-740): 2007-10	**Errichten von Niederspannungsanlagen** Teil 7-740: Anforderungen für Betriebsstätten, Räume und Anlagen besonderer Art – Vorübergehend errichtete elektrische Anlagen für Aufbauten, Vergnügungseinrichtungen und Buden auf Kirmesplätzen, Vergnügungsparks und für Zirkusse
DIN VDE 0105-100 (VDE 0105-100): 2009-10	**Betrieb von elektrischen Anlagen** Teil 100: Allgemeine Festlegungen
DIN VDE 0109-1 (VDE 0109-1): 2014-09	**Instandhaltung von Anlagen und Betriebsmitteln in elektrischen Versorgungsnetzen** Teil 1: Systemaspekte und Verfahren
DIN VDE 0109-2 (VDE 0109-2): 2014-09	**Instandhaltung von Anlagen und Betriebsmitteln in elektrischen Versorgungsnetzen** Teil 2: Zustandsfeststellung von Betriebsmitteln/Anlagen
DIN VDE 0132 (VDE 0132): 2012-08	**Brandbekämpfung und technische Hilfeleistung im Bereich elektrischer Anlagen**
DIN VDE 0141 (VDE 0141): 2000-01	**Erdungen für spezielle Starkstromanlagen mit Nennspannungen über 1 kV**
DIN VDE 0151 (VDE 0151): 1986-06	**Werkstoffe und Mindestmaße von Erdern bezüglich der Korrosion**
DIN VDE 0211 (VDE 0211): 1985-12	**Bau von Starkstrom-Freileitungen mit Nennspannungen bis 1 000 V**

DIN VDE 0250-204 (VDE 0250-204): 2000-12	**Isolierte Starkstromleitungen** PVC-Installationsleitung NYM
DIN VDE 0250-213 (VDE 0250-213): 1986-08	**Isolierte Starkstromleitungen** Dachständer-Einführungsleitungen
DIN VDE 0250-813 (VDE 0250-813): 1985-05	**Isolierte Starkstromleitungen** Leitungstrosse
DIN VDE 0271 (VDE 0271): 2007-01	**Starkstromkabel** Festlegungen für Starkstromkabel ab 0,6/1 kV für besondere Anwendungen
DIN VDE 0276-603 (VDE 0276-603): 2010-03	**Starkstromkabel** Teil 603: Energieverteilungskabel mit Nennspannung 0,6/1 kV
DIN VDE 0276-1000 (VDE 0276-1000): 1995-06	**Starkstromkabel** Strombelastbarkeit, Allgemeines; Umrechnungsfaktoren
DIN VDE 0289-1 (VDE 0289-1): 1988-03	**Begriffe für Starkstromkabel und isolierte Starkstromleitungen** Allgemeine Begriffe
DIN VDE 0293-1 (VDE 0293-1): 2006-10	**Kennzeichnung der Adern von Starkstromkabeln und isolierten Starkstromleitungen mit Nennspannungen bis 1 000 V** Teil 1: Ergänzende nationale Festlegungen
DIN VDE 0293-308 (VDE 0293-308): 2003-01	**Kennzeichnung der Adern von Kabeln/Leitungen und flexiblen Leitungen durch Farben**
DIN VDE 0298-3 (VDE 0298-3): 2006-06	**Verwendung von Kabeln und isolierten Leitungen für Starkstromanlagen** Teil 3: Leitfaden für die Verwendung nicht harmonisierter Starkstromleitungen
DIN VDE 0298-4 (VDE 0298-4): 2013-06	**Verwendung von Kabeln und isolierten Leitungen für Starkstromanlagen** Teil 4: Empfohlene Werte für die Strombelastbarkeit von Kabeln und Leitungen für feste Verlegung in und an Gebäuden und von flexiblen Leitungen

DIN VDE 0298-300 (VDE 0298-300): 2009-09	**Leitfaden für die Verwendung harmonisierter Niederspannungsstarkstromleitungen**
DIN VDE 0603-1 (VDE 0603 1): 1991-10	**Installationskleinverteiler und Zählerplätze AC 400 V** Installationskleinverteiler und Zählerplätze
DIN VDE 0606-1 (VDE 0606-1): 2000-10	**Verbindungsmaterial bis 690 V** Installationsdosen zur Aufnahme von Geräten und/ oder Verbindungsklemmen
DIN VDE 0620-1 (VDE 0620-1): 2013-03	**Stecker und Steckdosen für den Hausgebrauch und ähnliche Anwendungen** Teil 1: Allgemeine Anforderungen an ortsfeste Steckdosen
DIN VDE 0620-101 (VDE 0620-101): 1992-05	**Steckvorrichtungen bis 400 V 25 A** Flache, nichtwiederanschließbare zweipolige Stecker, 2,5 A 250 V, mit Leitung, für die Verbindung von Klasse-II-Geräten für Haushalt und ähnliche Zwecke
DIN VDE 0636-2 (VDE 0636-2): 2014-09	**Niederspannungssicherungen** Teil 2: Zusätzliche Anforderungen an Sicherungen zum Gebrauch durch Elektrofachkräfte bzw. elektrotechnisch unterwiesene Personen (Sicherungen überwiegend für den industriellen Gebrauch) – Beispiele für genormte Sicherungssysteme A bis K
DIN VDE 0636-3 (VDE 0636-3): 2013-12	**Niederspannungssicherungen** Teil 3: Zusätzliche Anforderungen an Sicherungen zum Gebrauch durch Laien (Sicherungen überwiegend für Hausinstallationen und ähnliche Anwendungen) – Beispiele für genormte Sicherungssysteme A bis F
DIN VDE 0660-505 (VDE 0660-505): 1998-10	**Niederspannung-Schaltgerätekombinationen** Bestimmung für Hausanschlußkästen und Sicherungskästen
DIN VDE 0670-803 (VDE 0670-803): 1991-05	**Wechselstromschaltgeräte für Spannungen über 1 kV** Kapselungen aus Aluminium und Aluminium-Knetlegierungen für gasgefüllte Hochspannungs-Schaltgeräte und -Schaltanlagen

DIN VDE 0680-1 (VDE 0680-1): 2013-04	**Persönliche Schutzausrüstungen, Schutzvorrichtungen und Geräte zum Arbeiten an unter Spannung stehenden Teilen bis 1 000 V** Teil 1: Isolierende Schutzvorrichtungen
DIN VDE 0682-552 (VDE 0682-552): 2003-10	**Arbeiten unter Spannung** Isolierende Schutzplatten über 1 kV
DIN VDE 0701-0702 (VDE 0701-0702): 2008-06	**Prüfung nach Instandsetzung, Änderung elektrischer Geräte – Wiederholungsprüfung elektrischer Geräte** Allgemeine Anforderungen für die elektrische Sicherheit
DIN VDE 0710-11 (VDE 0710-11): 1968-05	**Leuchten mit Betriebsspannungen unter 1 000 V** Sondervorschriften für Einbausignalleuchten
DIN VDE 0800-1 (VDE 0800-1): 1989-05	**Fernmeldetechnik** Allgemeine Begriffe, Anforderungen und Prüfungen für die Sicherheit der Anlagen und Geräte
DIN VDE 0833-1 (VDE 0833-1): 2014-10	**Gefahrenmeldeanlagen für Brand, Einbruch und Überfall** Teil 1: Allgemeine Festlegungen
DIN VDE 1000-10 (VDE 1000-10): 2009-01	**Anforderungen an die im Bereich der Elektrotechnik tätigen Personen**
EMVG vom 26.02.2008	**Gesetz über die elektromagnetische Verträglichkeit von Betriebsmitteln**
TAB 2007	**Technische Anschlussbedingungen für den Anschluss an das Niederspannungsnetz**

Abkürzungen

A, B, C,	Kennzeichnung der äußeren Einflüsse
AC	Wechselstrom, alternating current
AVBEltV	Verordnung über Allgemeine Bedingungen für die Elektrizitätsversorgung von Tarifkunden (aus 1979, inzwischen durch die NAV ersetzt)
BDEW	Bundesverband der Energie- und Wasserwirtschaft e. V.
BG	Berufsgenossenschaft
BGB	Bürgerliches Gesetzbuch
BGV	Berufsgenossenschaftliche Vorschrift für Sicherheit und Gesundheit bei der Arbeit (Unfallverhütungsvorschrift)
BMA	Brandmeldeanlage
DC	Gleichstrom, direct current
DI-Schalter	Differenzstrom-Schutzeinrichtung
DIN	Deutsches Institut für Normung e. V.
DKE	Deutsche Kommission Elektrotechnik Elektronik Informationstechnik im DIN und VDE
EDV	Elektronische Datenverarbeitung
EFK	Elektrofachkraft
EKG	Elektrokardiogramm
EltBauVO	Verordnung über den Bau von Betriebsräumen für elektrische Anlagen
ELV	Kleinspannung, Extra Low Voltage
EMV	Elektromagnetische Verträglichkeit
EnWG	Energiewirtschaftsgesetz
EPR	Ethylen-Propylen-Kautschuk
EUP	Elektrotechnisch unterwiesene Person
EVG	Elektronisches Vorschaltgerät
EVU	Elektrizitätsversorgungsunternehmen
FELV	Funktionskleinspannung ohne sichere Trennung, Functional Extra Low Voltage
FI-Schalter	Fehlerstromschutzschalter
FU-Schalter	Fehlspannungs-Schutzschalter

G	Gummi
GDV	Gesamtverband der Deutschen Versicherungswirtschaft e. V.
GPSG	Geräte- und Produktsicherheitsgesetz
GS	Geräteschutzschalter
GSG	Gerätesicherheitsgesetz
HH-Sicherung	Hochspannungs-Hochleistungssicherung
NH-Sicherung	Niederspannungs-Hochleistungssicherung
IEV	Internationales Elektrotechnisches Wörterbuch
IEC	Internationale Elektrotechnische Kommission
ISO	Internationale Organisation für Normung
L	Außenleiter
L1, L2, L3	Wechselstrom
L+, L–	Gleichstrom
LS-Schalter	Leitungsschutzschalter
LV	Niederspannung
M	Mittelleiter
N	Neutralleiter
NAV	Verordnung über Allgemeine Bedingungen für den Netzanschluss und dessen Nutzung für die Elektrizitätsversorgung in Niederspannung von 2006
NH-Sicherung	Niederspannungs-Hochleistungssicherung
PA	Potentialausgleich, Potentialausgleichsleiter
PAS	Potentialausgleichsschiene
PCB	Polychloriertes Biphenyl
PE	Schutzleiter
PELV	Funktionskleinspannung mit sicherer Trennung, Protection Extra Low Voltage
PEN	PEN-Leiter (früher Nullleiter)
PP	Polypropylen
PTSK	Partiell typgeprüfte Schaltgerätekombination
PVC	Polyvinylchlorid
RCD	Differenz-/Fehlerstromschutzeinrichtung, Residual Current protective Device
RCM	Differenzstrom-Überwachungsgerät
SE	Schutzeinrichtung

SELV	Schutzkleinspannung, Safety Extra Low Voltage
TAB	Technische Anschlussbedingungen für den Anschluss an das Niederspannungsnetz
TBINK	Technischer Beirat Internationale und Nationale Koordinierung
TSK	Typgeprüfte Schaltgeräte-Kombination
TÜV	Technischer Überwachungsverein
USV	Unterbrechungslose Stromversorgung
UVV	Unfallverhütungsvorschriften
VBG	alte Bezeichnung für die UVV (neu: BGV A3)
VDE	Verband der Elektrotechnik Elektronik Informationstechnik e. V.
VDEW	Verband der Elektrizitätswirtschaft e. V.; dieser Verband ist im Jahr 2007 im BDEW aufgegangen; das Vorschriftenwesen ist als „Forum Netztechnik und Netzbetieb (FNN)“ Teil des VDE geworden
VdS	Unabhängige Institution in den Bereichen Brandschutz und Security. Die VdS Schadensverhütung GmbH ist ein Unternehmen des Gesamtverbands der Deutschen Versicherungswirtschaft e. V. (GDV)
VNB	Verteilungsnetzbetreiber
VPE	Vernetztes Polyethylen
ZVEH	Zentralverband der Deutschen Elektro- und Informationstechnischen Handwerke
ZVEI	Zentralverband der Elektrotechnik- und Elektronikindustrie e. V.

Stichwortverzeichnis

F

G

H

I

K

L